U0266271

微机自动低频减载装置的研究与实现

李家坤　编著

黄河水利出版社
·郑州·

内 容 提 要

本书共分六章,主要内容包括:电力系统低频减载装置的基本工作原理,国内外关于该课题的研究现状及趋势,微机自动低频减载装置的基本设计思想,主要元器件介绍,硬件设计,软件设计,程序清单等。

本书可以作为从事电力系统运行与控制工作的学者、工程技术人员和相关专业学生的参考用书。

图书在版编目(CIP)数据

微机自动低频减载装置的研究与实现/李家坤编著.
郑州:黄河水利出版社,2011.6
ISBN 978 – 7 – 5509 – 0067 – 7

Ⅰ.①微… Ⅱ.①李… Ⅲ.①电力系统 – 自动频率控制 – 研究 Ⅳ.①TM761

中国版本图书馆 CIP 数据核字(2011)第 114433 号

策划组稿:简 群 电话:0371 – 66026749 E-mail:w_jq001@163.com
出 版 社:黄河水利出版社
　　　　地址:河南省郑州市顺河路黄委会综合楼 14 层 邮政编码:450003
发行单位:黄河水利出版社
　　　　发行部电话:0371 – 66026940、66020550、66028024、66022620(传真)
　　　　E-mail:hhslcbs@126.com
承印单位:黄河水利委员会印刷厂
开本:890 mm × 1 240 mm 1/32
印张:5
字数:156 千字　　　　　　　　　印数:1—1 000
版次:2011 年 6 月第 1 版　　　　　印次:2011 年 6 月第 1 次印刷
定价:20.00 元

前　言

　　在突发恶性事故情况下,由于一些发电厂的退出,电力系统有可能发生严重的频率下降,导致系统崩溃和大面积停电事故。在电力系统发生故障,有功功率出现严重缺额,需要切除部分负荷时,应尽可能做到有次序、有计划地切除负荷,并保证所切负荷的数量合适,以减少切除负荷后所造成的经济损失,这就是低频减载装置的任务。低频减载装置无疑是一种抑制频率下降的有效方法,它依据测量到的频率值,按轮次分步骤地减负荷。随着变电站综合自动化建设的发展,计算机在变电站自动装置中的应用日趋广泛,微机自动低频减载装置代替常规的低频减载装置是必然的趋势。

　　电力系统低频减载装置在电网安全控制中起着举足轻重的作用,该装置经历了电磁型、晶体管型、数字型几代产品,正向高性能微机型发展。

　　本书是长江工程职业技术学院院级科研项目《微机自动低频减载装置的研究与实现》的研究成果之一。本书的主要任务是对低频减载方案作深入的探讨,分析按频率值减负荷方案与按频率的下降速度减负荷方案的优缺点,综合比较各种防误动措施,选择合适的元器件进行硬件和软件设计。

　　本书设计的微机自动低频减载装置的主要特点是:测频精确度高;闭锁条件完善;增加远方控制和当地整定的功能;为了配合无人值班变电站,增加重合闸功能;提高装置的故障自诊断功能,提高装置的可靠性。

　　本书中的程序采用汇编语言编写,电流、电压的采集利用直流采样方法,因此算法简单;此外,装置硬件结构简单,具有较高的实用价值。

　　由于新技术总在不断发展,设计中还存在着某些问题有待于进一步的探讨和解决。作者相信,从改善减载方案和提高微机装置的性能两个方面入手,完全能够使微机自动低频减载装置的技术性能和经济效益达到更优。

本书在编写过程中参阅了许多同行专家的著作和资料,得到了不少启发,在此致以诚挚的谢意!本书在出版过程中,得到了作者的工作单位长江工程职业技术学院有关领导的关心和支持,同时也得到了黄河水利出版社的大力支持,在此表示衷心的感谢。

由于作者水平有限,加上时间仓促,书中难免存在错误和不当之处,恳请广大读者批评指正。

作　者

2011 年 3 月

目　录

第1章 概 述

1.1 本课题研究的目的

随着我国国民经济的快速发展和人民群众物质文化生活水平的不断提高,电力用户对电能的需求量越来越大,对供电质量的要求也越来越高,这极大地推动了变电站综合自动化建设的步伐。对于老式的变电站,要逐步进行技术改造;对于新建的变电站,要尽量采用先进技术,提高变电站的自动化水平,增加"四遥"功能,逐步实现无人值班和调度自动化。

随着变电站综合自动化建设的发展,计算机在变电站自动装置中的应用日趋广泛,微机自动低频减载装置代替常规的低频减载装置是必然的趋势。

近年来,不少研究单位和厂家研究开发了各种类型的微机自动低频减载装置,有些是采用专用的低频减载装置,有些是作为综合自动化系统的一个独立模块。但是,目前这些自动低频减载装置还存在几点不足,主要表现在:①闭锁条件不尽完善;②存在多切负荷的现象;③尚不能完全满足变电站综合自动化建设的需要。

针对上述现象,有必要挖掘其他条件,设计一种新型的微机自动低频减载装置,该装置应该能够达到电力部门对低频减载装置的基本要求,即:①能在各种运行方式和功率缺额的情况下,有计划地切除负荷,有效地防止系统频率下降到危险点以下;②切除负荷应尽可能少,防止超调和悬停现象;③变电站的馈电线路故障或变压器跳闸造成失压时,低频减载装置应可靠闭锁,不应误动;④电力系统发生低频振荡时,不应误动;⑤电力系统受谐波干扰时,不应误动。

为此,本书力求在以下几个方面有所突破:①提高测频精确度;

②改善闭锁条件;③增加远方控制和当地整定的功能;④为了配合无人值班变电站,增加重合闸功能;⑤提高装置的故障自诊断功能,提高装置的可靠性。这就是本书的目的之所在。

1.2   国内外关于该课题的研究现状及趋势

低频减载装置的核心是测频,在微机引入之前,测频主要是靠电磁型或晶体管型的频率继电器,后来又发展了数字式频率继电器(例如SZH-1 型),由频率继电器和控制轮次的中间继电器组成整套低频减载装置。然而,这些低频减载装置存在体积大、测频精确度低、易受干扰等缺点。为了避免误动,常加上低压闭锁、低电流闭锁及增加延时环节,每增加一种闭锁措施,则至少增加一种继电器,使得结构复杂,调试极不方便。随着电网运行方式日益复杂和多样化,供电可靠性问题更加突出,对低频减载装置的性能指标要求更高。采用传统的由频率继电器构成的低频减载装置,由于级差大、级数少,不能适应系统中出现的不同功率缺额的情况,不能有效地防止系统的频率下降并尽快恢复频率,难以实现重合闸的功能,常会造成频率的悬停和超调现象。

近十年来,随着单片机的广泛应用,国内外专家提出了微机低频减载方案,利用单片微机的逻辑运算功能和存储功能,可以全面提高低频减载装置的性能。

目前,用微机实现低频减载的方法大致有以下两种。

(1)采用专用的低频减载装置实现。这种方案将全部馈电线路按负荷重要性分为:基本轮 1~5 级和特殊轮 1~3 级,然后根据系统频率下降的具体情况去切除负荷。

(2)把低频减载的控制分散设在每回馈电线路的保护装置中。在线路各自的保护装置中,增加一个测频环节,然后按整定好的动作频率和延时切除负荷。

其中,第一种方案目前在电力系统中应用最普遍。

微机自动低频减载装置的发展趋势是:进一步完善闭锁功能,防止误动;解决超调和悬停现象;与变电站综合自动化系统配合,既能接受上级调度部门的统一指挥,又能进行当地定值修改或远方定值修改,以及具备灵活的功能设置。

1.3　本课题所做的主要工作

针对目前电力系统中自动低频减载装置的某些不足,本课题在低频减载方案,以及利用单片机实现低频减载的硬件和软件方案上展开了研究工作。其主要工作如下:

(1)对低频减载方案作了探讨,分析按频率值减负荷方案与按频率的下降速度减负荷方案的优缺点,综合比较各种防误动措施。

(2)硬件设计中考虑了出口动作的准确性,简化功能键的设计,使之能实现当地定值修改和远方定值修改。

(3)软件设计中,用汇编语言编写程序,优化算法;进一步完善闭锁功能,防止误动;减小测频误差,提高动作的灵敏度。

作者的基本设计思想如下。

1.3.1　基本原理

单片机通过测频,测量电压、电流等,经过判断程序决定是否延时动作,也可以由上位机传来的上级调度部门的切除负荷指令来发跳闸命令。该装置采用频率下降速度 df/dt 作为判据或闭锁条件,增加低电压闭锁功能和低电流闭锁功能。基本级可以分为 5 级,后备级可以分为 3 级,可根据用户实际情况适当减少级别。可防止超调和悬停现象,可通过键盘完成功能设置和定值修改。当系统频率恢复到规定值时可以发重合闸信号,迅速恢复供电。本装置具有故障自诊断功能,当装置某部分发生故障时,立即报警,并自动闭锁装置出口,防止误动作。

1.3.2　装置的基本组成部分

该装置的设计包括硬件和软件两部分。

其中,硬件的基本配置由主机、输入/输出接口电路和输入/输出过程通道组成。主机构成:80C51 系列单片机 DS80C320 一片,程序存储器 EPROM 一片,EEPROM 一片。输入/输出接口电路及过程通道包括频率的检测,模拟量的输入,开关量输入/输出等。

软件包括:主程序,测频子程序,电流电压测量子程序,开关量输出子程序,键盘扫描子程序,显示子程序,中断服务子程序。

第 2 章 电力系统低频减载的基本概念

2.1 低频减载在电力系统中的作用

电力系统的频率反映了发电机组所发出的有功功率与负荷所需有功功率之间的平衡情况。当发电厂发出的有功功率不满足用户要求而出现差额时,系统频率就会下降。正常情况下,当由于计划外负荷引起频率波动时,系统动用发电厂的热备用容量,即系统运行中的发电机容量就足以满足用户要求。但当电力系统发生较大事故时,系统出现严重的功率缺额,其缺额值超出了正常热备用可以调节的能力,即使系统中所有发电机组都发出其设备可能胜任的最大功率,仍不能满足负荷功率的需要。这时由于功率缺额所引起的系统频率的下降,将远远超过安全运行所允许的范围。在这种情况下,从保证系统安全运行的角度出发,为了保证对重要用户的正常供电,不得不采取应急措施,切除部分负荷,以使系统频率恢复到可以安全运行的水平以内。

当电力系统因事故而出现严重的有功功率缺额时,其频率将随之急剧下降,其下降值与功率缺额有关,据负荷—频率特性曲线不难求出其下降频率的稳态值。

频率降低较大时,对系统运行极为不利,甚至会造成严重后果,其危害性主要表现在如下几个方面。

2.1.1 对汽轮机的影响

一般汽轮机叶片的设计都要求其自然频率充分躲开它的额定转速及其倍率值。系统频率下降时有可能因机械共振造成过大的振动应力而使叶片损伤。容量在 300 MW 以上的大型汽轮发电机组对频率的变化尤为敏感。例如我国进口的某 350 MW 机组,频率为 48.5 Hz 时,要求发瞬时信号;频率为 47.5 Hz 时,要求 30 s 跳闸;频率为 47 Hz 时,要求 0 s 跳闸。进口的某 600 MW 机组,当频率降至 47.5 Hz 时,要求 9 s 跳闸。

运行经验表明,某些汽轮机长时间在频率 49.5 ~ 49 Hz 以下运行时,叶片容易产生裂纹,当频率低于 45 Hz 附近时,汽轮机个别级的叶片可能发生共振而引起断裂事故。

2.1.2　发生频率崩溃现象

当频率下降到 48 ~ 47 Hz 时,发电厂的厂用机械(如给水泵等)的出力将显著降低,使锅炉出力减小,导致发电厂发出功率进一步减小,致使功率缺额更为严重。于是系统频率进一步下降,这样恶性反馈将使发电厂运行受到破坏,从而造成所谓的频率崩溃现象。

2.1.3　频率对核能电厂的影响

核能电厂的反应堆冷却介质泵对供电频率有严格要求,如果不能满足要求,这些泵将自动断开,使反应堆停止运行。

2.1.4　发生电压崩溃现象

当频率降低时,励磁机、发电机等的转速相应降低,由于发电机的电势下降,因此系统电压水平下降。运行经验表明:当频率下降至 46 ~ 45 Hz 时,系统电压水平受到严重影响,系统运行的稳定性遭到破坏,出现所谓电压崩溃现象,最后导致系统瓦解。

2.1.5　对用户的影响

系统频率长期处于 49.5 ~ 49 Hz 以下时,会降低各用户的生产率。

频率变化将引起异步电动机转速的变化,由这些电动机驱动的纺织、造纸等机械产品的质量将受到影响,甚至出现残、次品。

一旦发生上述恶性事故,将会引起大面积停电,而且需要较长时间才能恢复系统的正常供电,对人民生活和国民经济造成极为严重的后果。世界上一些大型电力系统曾发生过这种不幸事故,必须引起我们的高度重视。以下是国内外一些主要电网发生停电事故的实例：

（1）1972 年 7 月 20 日，浙江省发生电网瓦解事故，损失负荷 350 MW，占事故前全网负荷的 71.5%，经济损失约 200 万元。

（2）1972 年 7 月 27 日，湖北省发生大面积停电事故，造成武汉、黄石、黄岗等地区全部停电，经济损失 2 400 多万元。

（3）1982 年 8 月 7 日，华中电网发生稳定事故，造成湖北省大面积停电，武钢、冶钢等重要用户严重受损，部分设备损坏，10 h 后才恢复正常。

（4）1997 年 2 月 27 日，西北电网发生大面积停电事故，造成西安东部、咸阳、渭南地区大面积停电，商洛地区全部停电。

（5）1965 年 11 月 9 日，美国 7 个州和加拿大两个省停电 12 min，影响 3 000 多万人。

（6）1977 年 7 月 13 日，美国纽约发生停电事故，时间长达 25 h。

（7）1996 年 8 月 11 日，美国西部 9 个州停电，一些地区停电时间长达 10 h。

（8）2003 年 8 月 14 日，美国东北部和加拿大联合电网发生了大面积停电事故，停电范围 9300 多平方英里，纽约停电 29 h。

（9）2007 年 1 月 16 日，澳大利亚第二大城市墨尔本发生大面积停电。墨尔本市及周边郊区的居民用电和商业用电均受到严重影响。在气温高达 39 ℃ 的情况下，停电导致空调和冰箱无法使用，给居民生活带来不便。此外，交通指示灯无法运作，城市公路交通几近瘫痪。

（10）2007 年 4 月 19 日晚，哥斯达黎加最大的变电站阿雷纳尔变电站发生技术故障，导致电网瘫痪，全国停电长达 3 h。停电造成通信、交通信号、供水系统运行中断，许多商店被迫关门歇业，首都圣何塞的胡安·圣玛利亚国际机场的电力供应也中断了 9 min。

（11）2007 年 4 月 26 日，哥伦比亚发生大规模停电事故，停电影响数百万人，西部、西北部、中部、南部等广大地区受到严重影响。停电造成全国大部分地区的工业、金融业、交通运输业、商业和餐饮业等行业陷入瘫痪达 3 个多小时，不少政府部门的正常工作秩序被打乱。专家们估计直接损失至少数亿美元。

(12)2007年6月27日,美国东部时间15时40分,美国第一大城市纽约的曼哈顿岛上东区和布朗克斯部分地区突然发生停电事故。48 min后,所有用户恢复供电,纽约爱迪生联合电力公司的行政官员凯文·伯克称,停电影响到约38.5万人。这次事故不但影响到居民的正常用电,而且波及地铁信号灯,致使经过曼哈顿岛和布朗克斯区的4、5、6号线以及D线、E线、V线地铁无法正常运行。停电致使纽约大片市区陷入混乱,交通信号灯熄灭,汽车拥堵严重,一些正在大都会艺术博物馆兴致勃勃参观的游客被强行疏散。纽约市长隆伯格在上东区的私人住宅和用于庆典活动的市长官邸在27日也受到停电影响。

(13)2007年7月4日,格鲁吉亚国内一条自西向东的高压输电线路出现故障,导致格鲁吉亚东部的大部分地区停电。格鲁吉亚电力公司称,第比利斯市的电力供应在当地时间22时35分左右中断,全城110万居民陷入黑暗。第比利斯市内的国家机关、地铁及医院等重要设施启用了应急备用电源,而电台和电视台也靠备用电源保持正常运作。格鲁吉亚电力公司采取了紧急措施排除故障。

(14)2007年7月23日,西班牙第二大城市巴塞罗那发生大面积停电,城市陷入严重混乱。有轨电车和2条地铁线停运,很多乘客被困在车厢和隧道内,部分城际火车晚点,市内70%的交通信号灯熄灭,城市交通瘫痪;大部分地区生活、商业设施受到影响;数百名乘客被困在电梯内。停电还造成不少商店停业,一些医院暂停手术,市内移动电话的使用也受到一定影响。停电发生后,巴塞罗那市政府立即启动紧急预案,加紧排除故障,疏导交通,救助被困人员。有关部门派遣警察至城市各大交通枢纽疏导交通,路面上巡逻的警力增加一倍。

发生上述停电事故的原因主要有两个:①电网继电保护和安全自动装置的协调性差,没能阻止事故扩大;②当出现较大功率缺额时,没能及时启动低频减载装置,或是减载不足。

《继电保护和安全自动装置技术规程》(GB/T 14285—2006)规定:电力系统的允许频率偏差为±0.2 Hz;系统频率不能长时间运行在49.5~49 Hz以下;事故情况下,系统频率不能较长时间停留在47 Hz以下;系统频率的瞬时值不能低于45 Hz。当系统发生功率缺额的事故时,必须迅速地断开部分负荷,减少系统的有功缺额,使系统频率维持在正常的水平或允许的范围内。

在系统发生故障,有功功率严重缺额,需要切除部分负荷时,应尽可能做到有次序、有计划地切除负荷,并保证所切负荷的数量合适,以尽量减少切除负荷后所造成的经济损失,这就是低频减负荷装置(简称低频减载装置)的任务。

2.2 电力系统低频减载装置的基本工作原理

低频减载装置的基本工作原理,可以用图 2-1 说明。假定变电站馈电母线上有多条供配电线路,按电力用户的重要性分为 n 个基本级和 m 个特殊级。基本级是不重要的负荷,特殊级是较重要的负荷。每一级均装有低频减载装置,它由频率测量元件 f、延时元件 Δt 和执行性元件 CA 三部分组成。

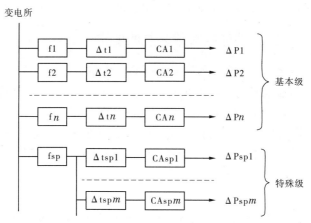

图 2-1 低频减载装置的基本工作原理

基本级的作用是根据系统频率下降的程度,依次切除不重要的负荷,以便限制系统频率继续下降。例如,当系统频率降至 f1 时,第一级频率测量元件起动,经延时 $\Delta t1$ 后执行元件 CA1 动作,切除第一级负荷 $\Delta P1$;当系统频率降至 f2 时,第二级频率测量元件起动,经延时 $\Delta t2$

后执行元件 CA2 动作,切除第二级负荷 ΔP2。如果系统频率继续下降,则基本级的 n 级负荷有可能全部被切除。

当基本级全部动作后,若系统频率长时间停留在较低水平上,则特殊级的频率测量元件 fsp 起动,经延时 Δtsp1 后切除第一级负荷 ΔPsp1;若系统频率仍不能恢复到接近于恢复频率 fh,则将继续切除较重要的负荷,直至特殊级的全部负荷切除完。

2.2.1　低频减载装置的基本要求

(1)能在各种运行方式且功率缺额的情况下,有计划地切除负荷,有效地防止系统频率下降至危险点以下。

(2)切除的负荷应尽可能少,应防止超调和悬停现象。

(3)变电站的线路故障或变压器跳闸等造成失压时,应可靠闭锁,低频减载不应误动。

(4)电力系统发生低频振荡时,不应误动。

(5)电力系统受谐波干扰时,不应误动。

2.2.2　微机自动低频减载装置的要求

(1)测频方法先进,测频精确度高。由单片机和大规模集成电路组成的低频减载装置,可以充分利用单片机的资源,提高测频精确度。

(2)可采用频率下降速率作为动作判据或闭锁条件。当系统发生严重的功率缺额事故时,系统频率的下降速率快。如果低频减载装置按 df/dt 作为动作判据,则能加速切除部分负荷,保证系统频率尽快恢复正常,也即提高了装置动作的快速性和准确性。另外,也可以利用 df/dt 作为闭锁条件,以防止低频减载装置误动。

(3)容易扩展低电压闭锁功能。安装低频减载装置的变电站,当其母线或附近出线发生短路事故时,母线电压降低,有时可以引起测频误差,致使装置误动。为提高可靠性和动作的准确性,可考虑增加低压闭锁功能。对于常规的低频减载装置来说,必须增加一个电压继电器,而对于微机自动低频减载装置,只需从软件上增加电压判据即可。

(4)容易扩展自动重合闸功能。由微机构成的低频减载装置,只要在软件设计上做些工作,并扩展合闸出口回路,就可以方便地扩展自动重合闸功能。它是在低频减载装置动作,切除部分负荷并在消除有功功率缺额事故后,系统频率回升时,对已被切线路进行重合闸操作。这对于无人值班变电站尤其有用,可以防止装置误动,或在有功缺额的事故消除后及时恢复供电。对于以水电为主,并有较大容量的电力系统,经过延时跳闸这段时间,水轮机调速器已经发挥作用,系统备用容量得到充分利用,从而减轻了系统的有功功率缺额,此时可以重合闸,加速恢复对用户的供电。

(5)具有故障自诊断和自闭锁功能。微机自动低频减载装置利用微机的智能,很容易扩展故障自诊断功能。例如:测频回路自检、存储器自检和输出回路自检等。当发现某部分发生故障时,可立刻报警,并自动闭锁装置的出口。

2.2.3　起动频率的选择

2.2.3.1　第一级起动频率 f1 的选择

在事故初期如能及早切除负荷功率,这对于延缓频率下降过程是有利的。因此,第一级起动频率亦选择得高些,但又必须计及电力系统动用旋转备用容量所需的时间延迟,避免因暂时性频率下降而不必要地断开负荷功率的情况。一般第一级起动频率整定在 48 ~ 48.5 Hz。在以水电为主的电力系统中,由于水轮机调速系统动作较慢,所以第一级起动频率宜取低值。

2.2.3.2　末级起动频率 fn 的选择

电力系统允许的最低频率受"频率崩溃"或"电压崩溃"的限制,对于高温高压的火电厂,在频率低于 46 ~ 6.5 Hz 时,就有发生"电压崩溃"的危险。因此,末级起动频率以不低于 46 ~ 6.5 Hz 为宜。

2.2.4　频率级差的选择

当 f1 和 fn 确定后,就可以在该频率范围内按频率级差 Δf 分成 n 级断开负荷,级数 n 越大,每级断开的负荷就越小,这样,装置所切除的负荷就越有可能接近于实际功率缺额,具有较好的适应性。

关于频率级差的选择问题,当前有两种完全不同的原则。

2.2.4.1　按选择性确定级差原则

此原则强调各级动作的次序,要在前一级动作以后还不能制止频率下降的情况下,后一级才动作。这时考虑选择性的最小级差为:

$$\Delta f = 2\Delta f_\delta + \Delta f_t + \Delta f_y$$

式中　　Δf_δ——频率测量元件的最大误差频率;

　　　　Δf_t——对应于 Δt 时间内的频率变化,一般可取 0.15 Hz;

　　　　Δf_y——级差裕度,一般可取 0.05 Hz。

按照各级有选择性的顺序切除负荷功率,级差 Δf 的值主要取决于频率测量元件的最大误差频率 Δf_δ 和 Δt 时间内频率的变化值 Δf_t。当频率测量元件本身的最大误差频率为 0.5 Hz 时,选择性级差一般取 ±0.15 Hz,这样整个低频减载装置可分成 5～6 级。

2.2.4.2　级差不强调选择性原则

由于电力系统运行方式和负荷水平是不固定的,针对电力系统发生事故时功率缺额有很大分散性的特点,低频减载装置按逐步试探求解的原则分级切除少量负荷,以求达到较好的控制效果。这就要求减小级差 Δf,增加总的频率动作级数 n,同时相应地减小每级的切除功率,这样即使两轮无选择性起动,系统恢复频率也不会过高。近来的趋势是采用增加级数 n 的方法。

以下是基本级和特殊级动作参数的参考值:

基本级第一级的整定频率一般为 47.5～48.5 Hz,相邻两级的整定频率差可取 0.5～0.7 Hz。相邻两级的整定时限差可取 0.5 s。当某一地区电网内的全部低频减载装置均已动作,系统频率应恢复到 48～49.5 Hz 以上。

特殊级的动作频率可取 47.5～48.5 Hz,动作时限可取 15～25 s,时限级差取 5 s 左右。

至于特别重要的用户,则设为 0 轮,即低频减载装置不会对它发出切负荷指令。

基本级切除的负荷总数应等于系统最大功率缺额,再扣除频率降至下限频率时因负荷调节效应所引起的负荷减少值,此值平均分配给各级。

特殊级切除的负荷总数应为最大减负荷量减去实际接入装置的基本级切除的负荷值,然后平均分配至各级。

2.3　有关减载方案的分析

2.3.1　有关减载方案的探讨

要科学地切除负荷,做到既不多切也不少切,尽快地恢复系统的频率,必须利用系统合适的信息来确定切除的功率量。现有的装置都是按频率的降低值来切除负荷,但也有文献提到按频率下降速度 df/dt 来确定负荷的切除量。下面就这两种方案加以分析,并推导功率缺额的计算公式。

电力系统稳态运行情况下,各母线电压的频率为统一的运行参数 $\omega_x/(2\pi)$,各母线电压的表达式为:

$$u_i = U_i \sin(\omega_x + \delta_i)$$

式中　　ω_x——全网统一的角频率。

电力系统由于有功功率平衡遭到破坏而引起系统频率发生变化,频率从正常状态过渡到另一个稳定值所经历的时间过程,称为电力系统的动态频率特性。

电网中有很多发电机并联运行,当系统由于功率缺额而频率下降时,在动态过程中各母线电压频率并不一致。可以先忽略各节点 Δf_i 的差异,首先求得全系统统一频率 f_x 的变化过程,因此可以把系统所有机组作为一台等值机组来考虑。计算经验表明,虽然由于负荷电动机的数量要比发电机的数量多得多,但负荷电动机及其拖动机械的转动惯量却比发电机的转动惯量要小得多,且它们的转动惯量在整个系统中所占的比例很小,可以忽略不计。

根据以上等值观点,电力系统频率变化时等值机组的运动方程表达为:

$$T_x \frac{\mathrm{d}\omega_*}{\mathrm{d}t} = P_{T*} - P_{L*} \tag{2-1}$$

式中 P_{T*}、P_{L*}——以系统发电机总额定功率 P_{Ge} 为基准的发电机总功率和负荷功率的标幺值；

T_x——系统等值机组惯性时间常数。

$$\frac{\mathrm{d}\omega_*}{\mathrm{d}t} = \frac{\mathrm{d}\Delta\omega_*}{\mathrm{d}t} = \frac{\mathrm{d}\Delta f_*}{\mathrm{d}t} \quad (\Delta f_* = \frac{f - f_e}{f_e})$$

以系统在额定频率时的总功率 P_{Le} 为功率基准,式(2-1)也可以写成:

$$T_x \frac{P_{Ge}}{P_{Le}} \times \frac{\mathrm{d}\Delta f_*}{\mathrm{d}t} = P_{T*} - P_{L*} \tag{2-2}$$

计及负荷调节效应 $P_L = P_{Le} + K_L \Delta f$,把它写成以 P_{Le} 为基准的标幺表达式,同时把功率缺额用 ΔP_{h*} 表示,则式(2-2)可改写为:

$$T_x \frac{P_{Ge}}{P_{Le}} \times \frac{\mathrm{d}\Delta f_*}{\mathrm{d}t} + K_{L*} \Delta f_* = \Delta P_{h*} \tag{2-3}$$

即:

$$T_x \frac{P_{Ge}}{P_{Le} K_{L*}} \times \frac{\mathrm{d}\Delta f_*}{\mathrm{d}t} + \Delta f_* = \frac{\Delta P_{h*}}{K_{L*}} \tag{2-4}$$

令:$T_{xf} = \frac{T_x P_{Ge}}{P_{Le} K_{L*}}$,则有:

$$T_{xf} \frac{\mathrm{d}\Delta f_*}{\mathrm{d}t} + \Delta f_* = \frac{\Delta P_{h*}}{K_{L*}} \tag{2-5}$$

这是一个典型的一阶惯性环节的微分方程式,式(2-5)的解为:

$$\Delta f_* = \frac{\Delta P_{h*}}{K_{L*}}(1 - \mathrm{e}^{-\frac{t}{T_{xf}}}) \tag{2-6}$$

由式(2-6)解得功率缺额为:

$$\Delta P_h = \frac{\Delta f P_{Le} K_{L*}}{(1 - \mathrm{e}^{-\frac{t}{T_{xf}}}) f_e} \tag{2-7}$$

式中 T_{xf}——系统频率下降过程的时间常数,$T_{xf} = \frac{P_{Ge}}{P_{Le}} \cdot \frac{T_x}{K_{L*}}$。

由式（2-5）可知，在频率下降速度 $\dfrac{\mathrm{d}f}{\mathrm{d}t}$ 的信号中，含有功率缺额的信息，从理论上讲它提供了切除相应功率量的数字描述，是比较理想的检测信号。此方案动作准确，但算法较复杂。又由式（2-7）可知，当已知 T_{xf}、Δf、Δt 时，可以求出功率缺额 ΔP_h。

目前我国电力系统实际应用的是按频率降低值切除负荷，即按频率自动减载。这种"逐次逼近"式的低频减载方案应用最普遍，它预先估计系统的功率缺额，按照各轮的动作频率，在遍布整个系统的各个接点上断开相应的用户负荷，以达到稳定系统频率的目的。由于预先不能准确确定功率缺额值、事故波及范围、备用容量的动用特性等因素，这种"逐次逼近"式的低频减载方案采取了一种牺牲快速性，按轮逐次逼近系统实际功率缺额的自动调整式的减负荷方法。但此方案装置简单，有较为成熟的运行经验，因此这种"逐次逼近"式的低频减载方案应用最普遍。

国外一些电力系统，使用频率变化率 $\mathrm{d}f/\mathrm{d}t$ 启动减负荷装置，以实现在严重功率缺额时快速切除。在切除负荷的过程中，系统转动惯量不断变化，很难根据系统的实际情况决定 $\mathrm{d}f/\mathrm{d}t$ 与被切负荷在数量上的关系。另外，在大系统中，为了躲开频率下降过程中同一时间不同地点的值可能有较大差异，需要人为地增加延时。作者相信，随着微机应用技术的发展，今后理论上的更加完善，采用按 $\mathrm{d}f/\mathrm{d}t$ 减载方案将具有更好的效果。

有的文献提出了另一种减载方案。其基本思想是，借助于电压的变化来确定减负荷的数量和位置，在受到大扰动的地区先减掉相应负荷，动作的依据是：①频率的变化；②频率下降水平；③电压的急剧下降。然后再由电力系统中分层控制的能量管理系统（EMS）计算减负荷功率，这样可以提高装置的动作速度，避免少切负荷。但是，目前此方案还处在研究论证阶段。

本书仍将采用电力系统的传统方案，即按频率降低值自动减载。

2.3.2　防止误动的措施分析

为了防止装置误动,在下述情况下应能可靠地进行闭锁:①馈电线路或变压器跳闸造成全站失压时,负荷反馈电压的频率衰减;②系统振荡过程中的频率变化;③短路时电压相位的变化;④谐波干扰。

下面对低频减载装置的闭锁方式进行分析。

目前低频减载装置常用的闭锁方式有时限闭锁、低电压带时限闭锁、低电流闭锁、滑差闭锁等。

(1)时限闭锁方式。该闭锁方式是由装置带 0.5 s 延时出口的方式实现,曾主要用于由电磁式频率继电器或晶体管频率继电器构成的低频减载装置中。但当电源短时消失或重合闸过程中,如果负荷中电动机比例较大,则由于电动机的反馈作用,母线电压衰减较慢,而电动机转速却降低较快,此时即使装置带有 0.5 s 延时,也可能引起低频减载装置的误动;同时当基本级带 0.5 s 延时后,对抑制频率下降很不利。目前这种闭锁方式一般不用于基本级,而用于整定时间较长的特殊级。

(2)低电压带时限闭锁方式。该闭锁方式是利用电源断开后电压迅速下降来闭锁低频减载装置,低电压闭锁可以防止母线附近短路故障或输入信号为零时出现保护的误动。由于电动机电压衰减较慢,因此必须带有一定的时限才能防止装置的误动。特别是当装置安装在受端接有小电厂或同步调相机以及容性负载比较大的降压变电站内时,很易产生误动。另外,采用低电压闭锁不能有效地防止系统振荡过程中频率变化而引起的误动。

(3)低电流闭锁方式。该闭锁方式是利用电源断开后电流减小的规律来闭锁低频减载装置,是为了防止负荷反馈引起保护的误动。该方式的主要缺点是电流定值不易整定,某些情况下易出现装置拒动的情况,同时,当系统发生振荡时,装置也容易发生误动。目前这种方式一般只限于电源进线单一、负荷变动不大的变电站。

(4)滑差闭锁方式。滑差闭锁方式亦称频率变化率闭锁方式。该方式利用从闭锁级频率下降至动作级频率的变化速度($\Delta f/\Delta t$)是否超过某一数值来判断是系统功率缺额引起的频率下降，还是电动机反馈作用引起的频率下降，从而决定是否进行闭锁。为躲过短路的影响，装置也需要一定延时。目前这种闭锁方式在实际装置中正得到日益广泛的应用。

因此，单独采用某一种闭锁方式是不能有效地防止装置误动的，本书将这四种闭锁方式有机地结合起来，只要选择合适的闭锁值，完全可以防止装置误动。

第3章　装置的硬件组成及主要元器件性能介绍

3.1　总体概况

3.1.1　硬件设计原则

硬件设计主要依据以下几个原则：

(1)尽可能选择典型电路,并符合单片机的常规用法。

(2)系统的扩展与外围设备配置的水平应充分满足应用系统的功能要求,并且留有适当的余地,以便二次开发。

(3)硬件结构应结合软件方案一并考虑,软件能实现的功能尽可能用软件实现,以简化硬件结构电路。

(4)整个系统中相关的器件应尽可能性能匹配。

(5)可靠性及抗干扰设计是硬件设计不可缺少的一部分。

根据以上设计原则,我们考虑采用目前国内外应用最广泛的 MCS-51 系列单片机。因为它具有控制功能强、系列齐全、结构简单、集成度高、可靠性好、抗干扰能力强等优点,且 8 位机型在市场上仍然占有较高的市场率。本装置以 80C320 单片机为主,配合其他的外部扩展电路构成我们所需要的硬件电路。

3.1.2　硬件组成

本装置的硬件设计要用到以下元器件：

- 高性能 8 位单片机 80C320
- 模数转换 AD574A
- 多路开关 AD7501

- 采样保持器 LF398
- 并行 I/O 接口 8255A
- 实时时钟 DS12C887
- 32K 用户程序存储器 EPROM
- 2K 用户程序存储器 EEPROM
- 串行通信接口 RS232

下面分别介绍 80C320、8255A、AD574A、AD7501、LF398 等主要元器件的性能。

3.2　80C320 单片机介绍

本装置用 MCS-51 系列单片机 DS80C320（可简称 80C320）作为处理器。

DS80C320 是一种与 80C31/80C32 兼容的高速控制器。它利用一个重新设计的处理器内核,清除空时钟和存储器周期,从而使每条指令的执行速度在相同石英晶体速度下都比原来快 1.5 ~ 2 倍。在典型应用中,采用相同的代码和石英晶体,速度会提高 2.5 倍。

DS80C320 除速度更快外,还提供一些其他性能,包括 1 个附加的全硬件串行口、7 个附加中断源、可编程监视定时器、掉电中断和复位。DS80C320 还提供双数据指针,加快模块数据存储器的传递,它还能把片外数据存储器的访问速度调整为 2 ~ 9 个机器周期,以便选配存储器和外围器件。

DS80C320 引脚如图 3-1 所示,现将其介绍如下。

3.2.1　引脚说明

（1）主电源引脚。

V_{CC}:接 +5 V 电源正端。

V_{SS}:接 -5 V 电源地端。

（2）外部晶体引脚。

XTAL1:片内反向放大器输入端。

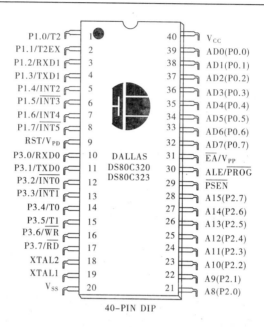

图 3-1　DS80C320 引脚

XTAL2：片内反向放大器输出端。

（3）输入/输出引脚。

P0.0 至 P0.7：P0 口的 8 个引脚。在接有片外存储器或扩展 I/O 接口时，P0 口分时复用为低 8 位地址总线和双向数据总线。

P1.0 至 P1.7：P1 口的 8 个引脚。对于 52 系列，P1.0 与 P1.1 还有第二种功能：P1.0 可作为定时器/计数器 2 的计数脉冲输入端 T2；P1.1 可作为定时器/计数器 2 的外部控制端 T2EX。

P2.0 至 P2.7：P2 口的 8 个引脚。在接有片外存储器或扩展 I/O 接口且寻址范围超过 256 个字节时，P2 口作为高 8 位地址总线。

P3.0 至 P3.7：P3 口的 8 个引脚。其第二功能如表 3-1 所示。

（4）控制线。

ALE/PROG：地址锁存有效信号输出端。

表 3-1　P3 口各引脚的第二功能定义

引脚	第二功能
P3.0	RXD0(串行输入口)
P3.1	TXD0(串行输出口)
P3.2	$\overline{INT0}$(外部中断 0 请求输入端)
P3.3	$\overline{INT1}$(外部中断 1 请求输入端)
P3.4	T0(定时器/计数器 0 计数脉冲输入端)
P3.5	T1(定时器/计数器 1 计数脉冲输入端)
P3.6	$\overline{WR}$(片外数据存储器写选通信号输出端)
P3.7	$\overline{RD}$(片外数据存储器读选通信号输出端)

$\overline{PSEN}$:片外程序存储器读选通信号输出端。

RST/V_{PD}:RST 为复位端。V_{CC}掉电时,该引脚如备有电源 V_{PD}(+5 V ±0.5 V),可用于保存片外 RAM 中的数据。当 V_{CC}下降到某规定值以下,V_{PD}就向片内 RAM 供电。

$\overline{EA}$/V_{PP}:片外程序存储器选用端。

3.2.2　80C320 的技术指标

80C320 的技术指标概括如下:

- 标准的 8051 指令集
- 4 个 8 位 I/O 端口
- 3 个 16 位定时器/计数器
- 256 字节 SRAM
- 多路复用地址/数据总线
- 寻址 64 K 字节 ROM 和 64 K 字节 RAM
- 机器周期为 4 个时钟周期
- 清除空周期
- 运行时钟周期从直流到 25 MHz

- 160 ns 的单周期指令执行时间
- 对任意 8051 代码的执行速度最快
- 使用功耗较低
- 可通过改变 MOVX 指令的执行时间来访问速度不同的 RAM 及外围器件
- 掉电复位
- 可编程监视定时器
- 掉电中断/早期告警
- 两个全双工硬件串行口
- 13 个中断源,其中 6 个为外部中断
- 可以提供 40 引脚的 DIP 封装、44 引脚的 PLCC 和 QFP 封装

3.2.3　80C320 的专用寄存器

80C320 除具有内部存储器(RAM)外,还具有一些专用寄存器。下面介绍这些专用寄存器。

(1)程序计数器(PC):PC 用于安放下一条执行指令的地址(程序存储地址),是一个 16 位专用寄存器,寻址范围为 0 ~ 64 K。PC 在物理上是独立的,不属于内部数据存储器的 SFR。

(2)累加器:累加器是一个最常用的专用寄存器,大部分单操作指令的操作数都取自累加器,很多双操作数也取自累加器;加、减、乘、除算术运算指令的运算结果都存放在累加器中或 B 寄存器中。

(3)B 寄存器:在乘法运算中,B 寄存器存放乘积的高 8 位;在除法运算中,B 寄存器存放余数。

(4)程序状态字(PSW):PSW 是一个 8 位寄存器,它包含了程序的状态信息。程序状态字各位的定义如下:

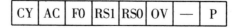

| CY | AC | F0 | RS1 | RS0 | OV | — | P |

注释:

①进位标志 CY(PSW.7):在执行某些算术操作、逻辑操作时,可被硬件或软件置位或清零。

②辅助进位标志 AC(PSW.6):8 位加法运算和作 BCD 码运算而进行二进制—十进制调整时有用。

③软件标志 F0(PSW.5):用户自定义的一个标志位。

④工作寄存器组选择位 RS1、RS0(PSW.4、PSW.3):可借软件置位或清零以选定 4 个工作寄存器中的一组投入使用。

⑤溢出标志 OV(PSW.2):作有符号数加法、减法运算时由硬件置位或清零,以指示运算结果是否溢出。

⑥奇偶标志 P(PSW.0):每执行一条指令,单片机都能根据累加器 A 中 1 的个数的奇偶自动令 P 置位或清零,奇为 1,偶为 0。

(5)堆栈指针:堆栈指针 SP 是一个 8 位专用寄存器,它指出堆栈顶部在内部 RAM 块的位置。系统复位后,SP 初始化为 07H,使得堆栈事实上从 08H 单元开始。考虑到 08H~1FH 单元分属于工作寄存器区 1~3,若程序设计中要用到这些区,则最好把 SP 的值改为 1FH 或更大的值。

(6)数据指针:80C320 采用双数据指针。在 80C320 中,标准数据指针被称为 DPTR0,它位于特殊寄存器(SFR)地址 82H 和 83H,这些是标准的地址单元。采用 DPTR0 时不需要修改标准代码;新的 DPTR 位于 SFR 的 84H 和 85H,被称为 DPTR1。DPTR1 选择位(DPS)选择有效的指针,它位于 SFR 的 86H 的最低位,寄存器 86H 中的其他位都不起作用并被置 0,用户通过改变寄存器 86H 的最低位在数据指针之间进行切换,用加 1 的指令(INC)完成这一功能速度最快。

(7)端口 0~3:专用寄存器 P0、P1、P2、P3 分别是 I/O 端口 P0、P1、P2、P3 的锁存器。80C320 的端口 0 分时复用为地址/数据总线,ALE 为高电平时,存储器地址的低 8 位出现;ALE 变为低电平时,端口转换为双向数据总线,该总线用于读外部 ROM 以及读/写外部 RAM 或外围器件。端口 0 没有真实的端口锁存,不能实现软件直接写入。80C320 的端口 1 既可以用做 8 位双向 I/O 端口,也可以用做定时器 2 的 I/O 接口,是新型外部中断和新型串行 1 的功能接口。端口 1 还有第二功能方式,如前面的引脚介绍。端口 2 用做对外寻址的高 8 位,P2.7 为 A15,P2.0 为 A8,80C320 将自动把地址的高位置于 P2,对外部

ROM 和 RAM 存取。端口 3 的第二功能方式,如前面的引脚介绍。

（8）串行数据缓冲器:串行数据缓冲器 SUBF 是可直接寻址的专用寄存器,用于存放欲发送或已接收的数据。它实际上由两个独立的寄存器组成:一个发送缓冲器,一个接收缓冲器。

（9）其他控制寄存器:IP、IE、TMOD、SCON、PCON 和 TCON 寄存器分别包含中断系统、定时器/计数器、串行口和供电方式的控制和状态位。

3.2.4　80C320 的定时器/计数器

80C320 有 3 个独立的定时器/计数器 T0、T1 和 T2。定时器/计数器 0 和定时器/计数器 1 都具有 4 种工作方式。定时器/计数器 2 可以设置成定时器,也可以设置成外部事件计数器,并具有 3 种工作方式。下面具体介绍定时器/计数器 0 和定时器/计数器 1,定时器/计数器 2 在此不作介绍。

3.2.4.1　工作方式控制寄存器 TMOD

TMOD 用来选择定时器/计数器 0、定时器/计数器 1 的工作方式,低 4 位用于定时器/计数器 0,高 4 位用于定时器/计数器 1。格式如下:

GATE	$C/\overline{T}$	M1	M0	GATE	$C/\overline{T}$	M1	M0

（1）工作方式选择位 M1、M0。

定时器/计数器的 4 种工作方式的选择由 M1、M0 确定,如表 3-2 所示。

表 3-2　定时器/计数器的工作方式选择

M1	M0	功能说明
0	0	方式 0:13 位定时器/计数器
0	1	方式 1:16 位定时器/计数器
1	0	方式 2:具有自动重装载的 8 位定时器/计数器
1	1	方式 3:定时器/计数器 0 分为两个 8 位定时器/计数器,定时器/计数器 1 在此方式下无实用意义

(2)定时器/计数器选择位 C/$\overline{\text{T}}$。

● C/$\overline{\text{T}}$ =0:定时器方式

● C/$\overline{\text{T}}$ =1:计数器方式

(3)门控位 GATE。

● GATE =1:定时器/计数器的计数受外部引脚输入电平的控制 (INT0 控制 T0 运行,INT1 控制 T1 运行)

● GATE =0:定时器/计数器的运行不受外部输入引脚的控制

3.2.4.2　定时器/计数器控制寄存器 TCON

TCON 高 4 位用于控制定时器/计数器 0、1 的运行;低 4 位用于控制外部中断,与定时器/计数器无关。TCON 格式如下:

IF1	TR1	TF0	TR0	IE1	IT1	IE0	IT0

(1)定时器/计数器 1 溢出中断标志 TF1。

当定时器/计数器 1 溢出时,由硬件自动置 TF1 =1,并向 CPU 申请中断。CPU 响应中断后 TF1 由硬件自动清零。TF1 也可由程序置位或清零。

(2)定时器/计数器 1 运行控制位 TR1。

TR1 =1 时定时器/计数器 1 工作,TR1 =0 时定时器/计数器 1 停止工作。TR1 由软件置位或清零。

(3)定时器/计数器 0 溢出中断标志 TF0。

TF0 决定定时器/计数器 0 的中断,其功能与 TF1 相仿。

(4)定时器/计数器 0 运行控制位 TR0。

TR0 控制定时器/计数器 0 的工作,其功能与 TR1 相仿。

3.2.5　串行输入/输出接口

3.2.5.1　通信方式的选择

计算机与外界的信息交换称为通信。基本的通信方法有并行通信和串行通信两种。一个信息的各位数据被同时传送的通信方法称为并行通信,并行通信依靠并行 I/O 接口实现。一个信息的各位数据被逐位顺序传送的通信方式称为串行通信,串行通信可通过串行 I/O 接口来实现。

并行通信和串行通信的优缺点比较:

- 并行通信速度快,串行通信速度较慢
- 并行通信传输线根数多,而串行通信传输线根数少
- 并行通信只适用于近距离通信,而串行通信适宜长距离通信

3.2.5.2　80C320 的串行口

80C320 提供一个与 80C32 完全一样的串行口(UART)。许多应用都要求与多个器件进行串行通信,因此 80C320 提供一个附加的硬件串行口,它是标准串行口,可选用引脚 P1.2(RXD1)和 P1.3(TXD1)。这个串行口在新的 SFR 地址单元中,具有复制控制功能。第二串行口用一种与第一串行口可比较的方式进行工作,两者能够同时工作,但波特率可以不同。它们之间的一个差别是,对于基于定时器的波特率来说,第一串行口可采用定时器 1 或定时器 2 产生波特率,而第二串行口只能采用定时器 1 产生波特率。

1)功能

80C320 串行口有 4 种工作方式,如表 3-3 所示。方式 0 并不用于通信,而是通过外接移位寄存器芯片实现扩展并行 I/O 接口的功能,该方式又称移位寄存器方式。方式 1、方式 2、方式 3 都是异步通信方式。方式 1 是 8 位异步通信接口,一帧信息由 10 位组成,方式 1 用于双机串行通信。方式 2、方式 3 都是 9 位异步通信接口,一帧信息中包括 9 位数据,其中一位起始位,一位停止位。方式 2、方式 3 的区别在于波特率不同,方式 2、方式 3 主要用于多机串行通信,也可用于双机串行通信。

2)串行口的特殊功能寄存器

串行口有两个特殊功能寄存器 SCON、PCON,分别用来控制串行口的工作方式和波特率。波特率发生器可由定时器/计数器 1 构成。

串行口控制寄存器 SCON 的格式如下:

SM0	SM1	SM2	REN	TB8	RB8	TI	RI

表 3-3　串行口的工作方式

SM0	SM1	工作方式	功能	波特率
0	0	方式 0	移位寄存器方式,用于并行 I/O 扩展	$fosc/12$
0	1	方式 1	8 位通用异步接收器/发送器	可变
1	0	方式 2	9 位通用异步接收器/发送器	$fosc/32$ 或 $fosc/64$
1	1	方式 3	9 位通用异步接收器/发送器	可变

（1）串行口工作方式选择位 SM0、SM1:SM0、SM1 由软件置位或清零,用于选择串行口的 4 种工作方式。

（2）多机通信控制位 SM2 和接收中断标志位 RI:SM = 1 时,如果接收的一帧信息中的第九位数据为 1,且原有的接收中断标志 RI = 0,则硬件将 RI 置 1;如果第九位数据为 0,则 RI 不置 1,且所接收的数据无效。SM2 = 0 时,只要接收一帧信息,硬件都置 RI = 1。RI 由软件清零,SM2 由软件置位或清零。

（3）发送中断标志位 TI:发送完一帧信息,由硬件使 TI = 1。TI 由软件清零。

（4）允许中断控制位 REN:REN = 1 时允许接收,REN = 0 时禁止接收。REN 由软件置位或清零。

（5）发送数据 D8 位 TB8:TB8 是方式 2、方式 3 中要发送的第九位数据,事先用软件写入 1 或 0。方式 0、方式 1 不用。

（6）接收数据 D8 位 RB8:方式 2、方式 3 中,由硬件将接收的第九位数据存入 RB8。方式 1 中,停止位存入 RB8。

电源控制寄存器 PCON 的格式如下:

SMOD	—	—	—	GF1	GF0	PD	DL

PCON 的最高位 SMOD 是串行口波特率系数控制位,SMOD = 1 时

波特率增大一倍。其余各位与串行口无关。

3.2.6 80C320 的中断系统

3.2.6.1 中断源

80C320 提供了 13 个中断源,具有三个优先级。掉电中断(PFI)总是具有最高优先级。还剩下两个用户可选中断优先级,即高与低。如果两个具有相同优先级的中断同时发生,按照自然优先级决定哪个中断有效。中断源的自然优先级如表 3-4 所示。

表 3-4 中断自然优先级

名称	描述	中断入口地址	自然优先级
PFI	掉电中断	33H	1
$\overline{INT0}$	外部中断 0	03H	2
TF0	定时器 0	0BH	3
$\overline{INT1}$	外部中断 1	13H	4
TF1	定时器 1	1BH	5
SCON0	串行口 0 中断	23H	6
TF2	定时器 2	2BH	7
SCON1	串行口 1 中断	3BH	8
INT2	外部中断 2	43H	9
$\overline{INT3}$	外部中断 3	4BH	10
INT4	外部中断 4	53H	11
$\overline{INT5}$	外部中断 5	5BH	12
WDTI	监视超时中断	63H	13

3.2.6.2 中断控制

中断允许寄存器 IE 的格式如下:

EA	ES1	ET2	ES0	ET1	EX1	ET0	EX0

(1)CPU 中断允许位 EA。

EA = 1 时 CPU 允许中断请求,EA = 0 时 CPU 屏蔽一切中断请求。

(2)串行口 1 中断允许位 ES1。

ES1 = 1 时允许串行口 1 申请中断,ES1 = 0 时禁止串行口 1 申请中断。

(3)定时器/计数器 2 中断允许位 ET2。

ET2 = 1 时允许定时器/计数器 2 申请中断,ET2 = 0 时禁止定时器/计数器 2 申请中断。

(4)串行口 0 中断允许位 ES0。

ES0 = 1 时允许串行口 0 申请中断,ES0 = 0 时禁止串行口 0 申请中断。

(5)定时器/计数器 1 中断允许位 ET1。

ET1 = 1 时允许定时器/计数器 1 申请中断,ET1 = 0 时禁止定时器/计数器 1 申请中断。

(6)外部中断 1 中断允许位 EX1。

EX1 = 1 时允许外部中断 1 申请中断,EX1 = 0 时禁止外部中断 1 申请中断。

(7)定时器/计数器 0 中断允许位 ET0。

ET0 = 1 时允许定时器/计数器 0 申请中断,ET0 = 0 时禁止定时器/计数器 0 申请中断。

(8)外部中断 0 中断允许位 EX0。

EX0 = 1 时允许外部中断 0 申请中断,EX0 = 0 时禁止外部中断 0 申请中断。

3.3 并行 I/O 接口芯片 8255A 介绍

8255A 是 Intel 公司生产的通用可编程并行 I/O 接口芯片,MCS-51 和 8255A 相连可为外设提供三个 8 位 I/O 端口。

3.3.1　内部结构和引脚功能

8255A 芯片有 A、B、C 三个可编程的 8 位 I/O 接口,有 40 个引脚,其引脚如图 3-2 所示。

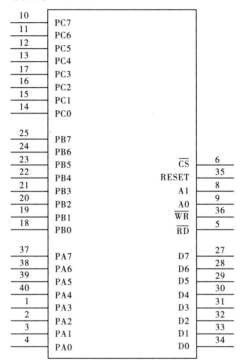

图 3-2　8255A 引脚图

8255A 由以下四个部分组成。

(1)数据总线缓冲器:一个 8 位的双向三态门驱动器,用于与单片机的数据总线相连。

(2)读/写控制逻辑:根据单片机的地址信息(A0、A1)、控制信号($\overline{RD}$、$\overline{WR}$、RESET),控制片内数据,CPU 控制字,外设状态信息的传递。

(3)控制电路:根据 CPU 送来的控制字所指的 I/O 接口按一定方式工作,对 C 口甚至按位实现"复位"或"置位",有 A,B 两组控制电路。A组控制电路控制A口及C口的高4位,B组控制电路控制B口及C口的低4位。

(4)并行I/O接口:有A、B、C三个端口。A口:可编程为8位输入或8位输出或双向传递。B口:可编程为8位输入或8位输出,但不能双向传递。C口:可分为两个4位口,用于输入或输出;也可用做A口、B口的状态控制信号。

3.3.2 8255A的工作方式

8255A的工作方式的选择如表3-5所示。

表3-5 8255A 工作方式的选择

A1	A0	$\overline{RD}$	$\overline{WR}$	$\overline{CS}$	操作状态
0	0	0	1	0	端口A到DB
0	1	0	1	0	端口B到DB
1	0	0	1	0	端口C到DB
0	0	1	0	0	DB到端口A
0	1	1	0	0	DB到端口B
1	0	1	0	0	DB到端口C
1	1	1	0	0	DB到控制寄存器
1	1	0	1	0	非法操作
X	X	X	X	1	DB到三态
X	X	1	1	0	DB到三态

表中DB到控制寄存器便是方式控制字。方式控制字规定了端口A、B、C的工作方式,其具体格式如下。

D7:方式控制字标志位,D7 = 1有效。

D6,D5:A口方式选择。如00为方式0;01为方式1;1X为方式2。

D4:D4 = 1,A口输入;D4 = 0,A口输出。

D3:D3 = 1,C口高4位输入;D3 = 0,C口高4位输出。

D2:B 口方式选择。D2 = 0 为方式 0,D2 = 1 为方式 1。

D1:D1 = 1,B 口输入;D1 = 0,B 口输出。

D0:D0 = 1,C 口低 4 位输入;D0 = 0,C 口低 4 位输出。

由方式控制字可知,8255A 端口 A、B、C 与外设交换信息的工作方式有 3 种。

(1)方式 0(基本输入输出):当 A 口、B 口、C 口的两个 4 位口被选定为方式 0 时,都可以由编程规定为简单的输入或输出。所谓简单,是指不采用联系信号。作为输出口时,输出数据被锁存;作为输入口时,输入数据不被锁存。根据控制字 D4、D3、D2、D1 位的变化方式 0 有 16 种不同的输入、输出组合方式。

(2)方式 1(选通输入、输出):此时 3 口分成 A、B 两组。A 组工作于工作方式 1 时,A 口可由编程规定为输入或输出,C 口的高 4 位配合用于连接状态控制信号;B 组工作于工作方式 1 时,B 口可由编程规定为输入或输出,C 口的低 4 位配合用于连接控制信号。A 口、B 口的输入数据或输出数据都被锁存。C 口未用的引脚可由编程规定用做输入或输出。

(3)方式 2(双向传递方式):A 口可用于双向传递,此时 C 口的 PC2 ~ PC0 可由编程选定为工作方式 0 或工作方式 1。

3.4　A/D 转换器、多路转换器、采样保持器介绍

3.4.1　A/D 转换器

本系统选用 AD574A 作为 A/D 转换器,下面对它作一些简单介绍。

AD574A 是美国模拟器件公司(Analog Devices)生产的 12 位逐次逼近型快速 A/D 转换器。转换时间为 25 ~ 35 μs,转换精度 ≤ 0.05%,是目前我国市场应用最广泛、价格适中的 A/D 转换器。AD574A 片内配有三态输出缓冲电路,因而可直接与各种典型的 8 位或 16 位微处理器相连,而无须附加逻辑接口电路,且能与 CMOS 及 TTL 电平兼容。

由于 AD574A 片内包含高精度的参考电压源和时钟电路,这使它可以在不需要任何外部电路和时钟信号的情况下完成一切 A/D 转换的功能,应用非常方便。

3.4.1.1　AD574A 的特性

其主要特性总结如下。

(1)线性误差:AD574AJ 为 ±1LSB;AD574AK 为 ±1/2LSB。

(2)转换速度:最大转换时间 35 μs,属于中档速度。

(3)输入模拟信号范围可为 0 ~ +10 V,0 ~ +20 V,也可为双极性 ±5 V 或 ±10 V。

(4)AD574A 有两个模拟输入端,分别用于不同的电压范围:10VIN 适用于 ±5 V 的模拟输入,20VIN 适用于 ±10 V 的模拟输入。输出为 12 位,即 DB0 ~ DB11。

(5)用不同的控制信号,既可实现高精度的 12 位变换,又可作快速的 8 位转换。转换后的数据有两种读出方式:12 位一次输出;8 位、4 位分两次输出。设有三态输出缓冲器,可直接与 8 位或 16 位微处理器相连。

(6)需三组电源:+5 V,VCC(+12 ~ +15 V),VEE(-12 ~ -15 V)。由于转换精度高,所提供电源必须有良好的稳定性,并加以充分滤波,以防止高频噪声的干扰。

(7)内设高精度的参考电压(10 V),只需外接一只适当阻值的电阻,便可向 DAC 部分的解码网络提供 I_{REF}。转换操作所需的时钟信号由内部提供,不需外接任何元器件。

(8)低功耗:典型功耗为 390 mW。

3.4.1.2　AD574A 的引脚

AD574A 的引脚如图 3-3 所示。

各引脚功能如下。

VCC(引脚 1):数字逻辑部分电源 +5 V。

$12/\overline{8}$(引脚 2):数据输出格式选择信号引脚。当 $12/\overline{8}=1$(+5 V)时,为双字节输出,即 12 条数据线同时有效输出,当 $12/\overline{8}=0$(0 V)时,

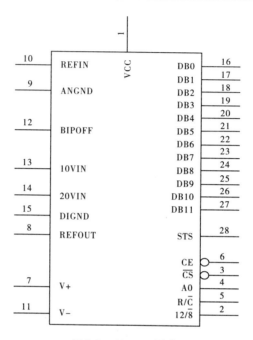

图 3-3　AD574A 引脚

为单字节输出,即只有高 8 位或低 4 位有效。

$\overline{CS}$(引脚 3):片选信号端,低电平有效。

A0(引脚 4):字节选择控制线。在转换期间:A0 = 0,AD574A 进行全 12 位转换。在读出期间:当 A0 = 0 时,高 8 位数据有效;A0 = 1 时,低 4 位数据有效,中间 4 位为"0",高 4 位为三态。因此,当采用两次读出 12 位数据时,应遵循左对齐原则。

R/$\overline{C}$(引脚 5):读数据/转换控制信号,当 R/$\overline{C}$ = 1 时,AD574A 转换结果的数据允许被读取;当 R/$\overline{C}$ = 0 时,则允许启动 A/D 转换。

CE(引脚 6):启动转换信号,高电平有效。可作为 A/D 转换启动或数据的信号。

V +、V -(引脚 7、11):模拟部分供电的正电源和负电源,为 ±12 V 或 ±15 V。

REFOUT(引脚 8):10 V 内部参考电压输出端。

REFIN(引脚 10):内部解码网络所需参考电压输入端。

BIPOFF(引脚 12):补偿调整。接至正负可调的分压网络,以调整 AD574A 输出的零点。

10VIN、20VIN(引脚 13、14):模拟量 10 V 及 20 V 量程的输入端口,信号的一端接至 ANGND 引脚。

DIGND(引脚 15):数字公共端(数字地)。

ANGND(引脚 9):模拟公共端(模拟地)。它是 AD574A 的内部参考点,必须与系统的模拟参考点相连。为了在高数字噪声含量的环境中从 AD574A 获得高精度的性能,ANGND 和 DIGND 在封装时已连接在一起,在某些情况下,ANGND 可在最方便的地方与参考点相连。

DB0 ~ DB11(引脚 16 ~ 27):数字量输出。

STS(引脚 28):输出状态信号引脚。转换开始时,STS 达到高电平,转换过程中保持高电平,转换完成时返回到低电平。STS 可以作为状态信息被 CPU 查询,也可以用它的下降沿向 CPU 发中断申请,通知 A/D 转换已完成,CPU 可以读取转换结果。

3.4.1.3 AD574A 控制逻辑

AD574A 的工作状态由 CE、$\overline{CS}$、R/$\overline{C}$、12/$\overline{8}$、A0 五个控制信号决定,这些控制信号的逻辑功能见表 3-6。

表 3-6 AD574A 控制信号的逻辑功能

CE	CS	R/$\overline{C}$	12/$\overline{8}$	A0	功能
0	×	×	×	×	禁止
×	1	×	×	×	禁止
1	0	0	×	0	启动 12 位转换
1	0	0	×	1	启动 8 位转换
1	0	1	+5 V	×	允许 12 位并行输出
1	0	1	接地	0	允许高 8 位并行输出
1	0	1	接地	1	允许低 4 位加 4 位尾 0 输出

3.4.2 多路转换器

六路模拟量输入,若采用 6 个 AD574A 进行转换显然不经济,在转换速度允许的情况下,可以引进多路开关来分时进行转换。在此选用 AD7501,其引脚如图 3-4 所示。

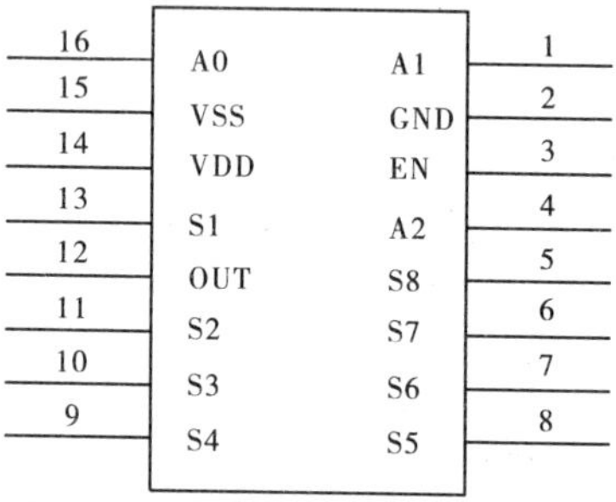

16	A0	A1	1
15	VSS	GND	2
14	VDD	EN	3
13	S1	A2	4
12	OUT	S8	5
11	S2	S7	6
10	S3	S6	7
9	S4	S5	8

图 3-4　AD7501 引脚

AD7501 是单片机集成的 CMOS8 选 1 多路模拟开关,每次选中 8 个输入端中的一路与公共端相连,选通道是根据输入地址编码而得的。其真值表见表 3-7,所有数字量均可用 TTL/DTL 或 CMOS 电平。

表 3-7　AD7501 真值

A2	A1	A0	EN	"ON"
0	0	0	1	1
0	0	1	1	2
0	1	0	1	3
0	1	1	1	4
1	0	0	1	5
1	0	1	1	6
1	1	0	1	7
1	1	1	1	8
×	×	×	0	None

3.4.3　采样保持器

模拟量通过采样保持器,接至多路开关(MPX),通过多路开关分时地接到 A/D 的输入端,进行模/数转换。采样保持器(S/H)有两个作用:一是保证在 A/D 转换过程中输入模拟量保持不变;二是保证各通道同步采样,CPU 同时向各个采样保持器发送保持信号,从而保证进行模/数转换的模拟量是同一时刻的。本装置选用的采样保持器为 LF398。LF398 是采用双极型 – 场效应管工艺制成的单片采样保持器,其特点有采样时间短、精度高等。LF398 技术指标如下:

- 工作电压:± 5 V ~ ± 18 V
- 采样时间:$\leqslant 10$ μs
- 可与 TTL、PMOS、CMOS 兼容
- 当保持电容为 0.01 μF 时,典型保持步长为 0.05 mV
- 低输入漂移,保持状态下输入特性不变
- 在采样或保持状态时高电源抑制

第 4 章　硬件设计

4.1　低频减载装置的硬件原理框图

低频减载装置的硬件原理框图如图 4-1 所示,主要功能模块功能介绍如下。

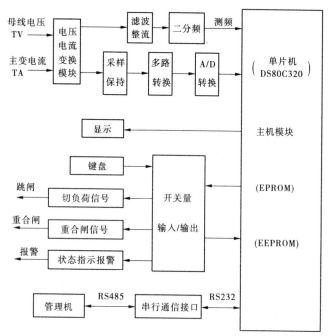

图 4-1　低频减载装置的硬件原理框图

4.1.1　主机模块

采用性能价格比较高的 DS80C320 单片机,扩展 EPROM 一片,作为程序存储器;扩展 EEPROM 一片,用于修改定值。

4.1.2　频率的检测

　　将系统的电压由 TV 输入,经过电压变换器变换成与输出成正比的、幅值在 ±5 V 范围内的同频率的电压信号,再经低通滤波和整形,转换为输入同频率的矩形波。利用矩形波的上升沿启动单片机,对内部时钟脉冲开始计数。而利用矩形波的下降沿结束计数,根据一个周波内单片机计数值,推算出系统的频率。

4.1.3　闭锁信号的输入

　　为了保证低频减载装置的可靠性,在外界干扰下不误动,以及当变电站进、出线发生故障,母线电压急剧下降导致测频错误时,装置不致误发控制命令,除采用 df/dt 闭锁外,还增设了低电压及低电流等闭锁措施。因此,必须输入母线电压和变压器电流。这些模拟的信号分别由电压互感器 TV 和电流互感器 TA 输入,经电压电流变换模块转换成幅值较低的电压信号,再经信号处理和滤波电路进行滤波,然后经多路转换器和采样保持器,送入 A/D 转换电路。

4.1.4　开关量输出

　　全部开关量输出经光电隔离,可输出以下三种类型的控制信号,即跳闸命令,用于按轮次切除应该切除的负荷;重合闸动作信号,对于设置重合闸功能的情况,可以发出重合闸动作信号;报警信号,指示动作轮次,测频故障报警等。

4.1.5　功能设置和定值修改

　　为了适应不同的变电站情况,必须提供功能设置和定值修改功能,使得用户可以根据需要来设置。例如:低频减载按几轮切负荷,各回线所处的轮次设置,投入哪些闭锁功能,重合闸是否投入等。功能设置和定值修改是利用专用键盘和八段 LED 显示器来实现的。

4.1.6 串行通信接口

通常 PC 机配有 RS232 标准接口，通过转换电路可使 PC 具有 RS485 串行接口，可实现单片机和管理 PC 机的通信，或通过调制解调器与上级调度部门的 PC 机实现远程通信。

装置的硬件设计主要包括存储器的扩展、频率测量电路、模拟量的采集电路、I/O 接口扩展、开关量输出电路、显示器接口、串行通信接口电路，下面分别进行介绍。

4.2 存储器的扩展

4.2.1 存储器扩展概述

DS80C320 无程序存储器，数据存储器只有 256 个单元，为此，要在芯片之外另行扩展存储器。存储器扩展是单片机系统扩展的主要内容，因为扩展是在单片机芯片之外进行的，因此通常把扩展的程序存储器（ROM）称为外部 ROM，把扩展的数据存储器（RAM）称为外部 RAM。

MCS-51 单片机数据存储器和程序存储器的最大扩展空间都是 64 KB，扩展后系统形成两个并行的 64 KB 存储空间。为了扩展外部存储器，单片机芯片已经作了预先准备。例如通过 P0 和 P2 口最多可以为扩展存储器提供 16 位地址，使扩展存储器的寻址范围达 64 KB；此外还有一些引脚信号也是供存储器扩展使用的，例如：ALE 信号用于外部存储器的地址锁存控制，PSEN 信号用于外部程序存储器读选通，EA 信号用于外部程序存储器的访问控制。

本系统采用直流采样方式，处理数据不是太复杂，所以无须另外扩展数据存储器，考虑实际需要扩展 EPROM 一片（32 KB）用于存放固定程序，扩展 EEPROM 一片（2 KB）作为存放定值和固定参数。由于只有两片 ROM 的扩展，可以采用线选法，由单片机的 P2.7 引脚产生片选信号。当 P2.7 = 0 时，选择 EPROM；当 P2.7 = 1 时，选择 EEPROM。

4.2.2　EPROM 的扩展

EPROM 可重新改写程序,通常把 EPROM 芯片从系统中拆下来放到紫外线下照射才能擦除,现场是无法改写的。由于容量小的存储器价格反而较贵(如 2716 和 2732),因此本系统选择容量较大芯片 27256 (32 KB×8)作为扩展芯片。

在扩展多片存储器时,如何把单片机 64 KB 空间分配给各个芯片,以避免地址和数据的冲突,这就需要合理地分配地址空间。分配地址空间的合理性不仅取决于存储器读写控制和片选控制的时序配合,而且还取决于 MCS-51 单片机扩展存储器的一些规定。

CPU 在由外部程序存储器取指令时,16 位地址的低 8 位(PCL)由 P0 口输出,高 8 位(PCH)由 P2 口输出,而指令的 8 位指令码也通过 P0 口输入。CPU 所取的指令有两种情况:一是不访问数据存储器的指令;二是访问数据存储器的指令。因此,外部程序存储器有两种操作时序。

地址锁存允许信号 ALE 的下降沿正好对应着 P0 口输出低 8 位地址 A7 ~ A0 的操作,而程序存储器允许信号 PSEN 的上升沿正好对应着 P0 口从程序存储器读入指令 D0 ~ D7 的操作。所以,程序存储器的扩展要由 ALE、PSEN、P0 和 P2 在一定的电路配合下共同实现。

27256 芯片的引脚如图 4-2 所示。

在图 4-2 中,A0 ~ A15 为地址线,D0 ~ D7 为数据输出线,$\overline{CE}$ 为片选,$\overline{OE}$ 为输出允许,VPP 为编程电压端,VCC 为 + 5 V,GND 为地。

参数如下:VCC 为 + 5 V,VPP 为 12.5 V,最大静态电流 I_M 为 40 mA,维持电流 I_S 为 40 mA,最大读出时间 T_{RM} 为 220 ns,容量为 32 KB×8。

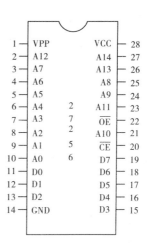

图 4-2　27256 芯片的引脚

Intel 27256 芯片有五种工作方式:①读方式;②维持方式;③编程方式;④编程校核方式;⑤编程禁止方式。各种工作方式的选择通过在不同的控制线上加不同的电压来实现。工作方式与控制线所加电压的关系如表 4-1 所示。

表 4-1　27256 芯片工作方式选择

引脚	$\overline{CE}$	$\overline{OE}$	VPP	VCC	输入/输出
引脚号	20	22	1	28	11 ~ 13 15 ~ 19
读	VIL	VIL	VCC	VCC	DOUT
维持	VIH	任意	VCC	VCC	高阻
编程	VIL	VIH	VPP	VCC	DIN
编程校核	VIL	VIL	VPP	VCC	DOUT
编程禁止	VIH	VIH	VPP	VCC	高阻

表 4-1 中,VIL 为 TTL 低电压,VIH 为高电压,VCC 为 + 5 V,VPP 为 12. 5 V,DOUT 为数据输出,DIN 为数据输入。

4. 2. 3　EEPROM 的扩展

EEPROM 既具有 RAM 的随机读写特点,又具有 ROM 的非易失性优点,每个单元可重复进行一万次改变,保留信息的时间长达 20 年,不存在 EPROM 在日光下信息缓慢丢失的问题。

在单片机应用系统中,EPROM 既可以扩展为片外的 ROM,也可以扩展为片外的 RAM。与 RAM 芯片相反,EPROM 的写操作速度慢,它的擦除/写入次数是有限的,不宜用在数据频繁更新的场合。

本系统选 Intel 公司的产品 2817A,容量为 2 KB ×8,作为存放定值的存储器。

2817A 在写入一个字节信息之前,自动对所要写入的单元进行擦除,因而无须进行专门的字节芯片擦除操作。当向 2817A 发出字节写入命令后,2817A 将锁存地址、数据及控制信号,从而启动一次操作。

在写入期间,2817A 的 RDY/BUSY 脚呈低电平,此时,它的数据总线呈高阻状态,因而允许处理器在此期间执行其他的任务。一次写操作一旦结束,2817A 便将 RDY/BUSY 线置高电平,此时,处理器可以对2817A 进行新字节读/写操作。

2817A 芯片的引脚如图 4-3 所示。

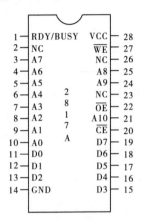

图 4-3　2817A 芯片的引脚

2817A 的工作方式如表 4-2 所示。

表 4-2　2817A 的工作方式

引脚	$\overline{CE}$(20)	$\overline{OE}$(22)	$\overline{WE}$(27)	(1)	输入/输出(11~13, 15~19)
读	VIL	VIL	VIH	高阻	DOUT
维持	VIH	任意	任意	高阻	高阻
字节写入	VIL	VIH	VIL	VIL	DIN

表 4-2 中,VIL 为 TTL 低电压,VIH 为高电压,DOUT 为数据输出,DIN 为数据输入。

2817A 的主要性能如下:

取数时间(200/250 ns);读操作电压(5 V)写/擦操作电压(5 V);字节擦除时间(10 ms);写入时间(10 ms);容量(2 KB×8);封装

（DIP28）。

　　DS80C320 与外扩两块程序存储器芯片的电路连接图见图4-4。

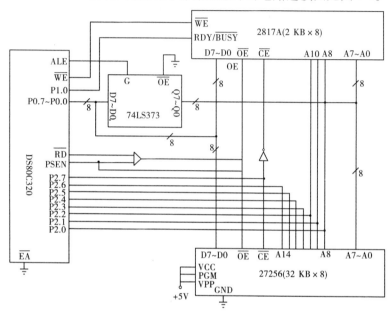

图 4-4　存储器扩展

　　由图 4-4 可知,27256 的寻址范围为 0000H ~ 7FFFH（共 32 KB）,2817A 的寻址范围为 8000H ~ 87FFH。

4.3　频率测量电路

　　为了准确测量电力系统频率,必须将系统的电压由电压互感器 TV 输入,经过电压变换器变换成与 TV 输出成正比的幅值在 ±5 V 范围内的同频率的电压信号,再经低通滤波和整形,转换为与输入信号同频率的矩形波。将此矩形波连接至单片机 DS80C320 的 P1.6 脚,可以利用矩形波的上升沿启动单片机,对内部时钟脉冲开始计数,而利用矩形波的下降沿结束计数,然后根据一个周期内单片机的计数值,推算出系统的频率。

　　这里仅分析单片机的前向输入通道的实现。硬件实施方案见图 4-5。从母线电压互感器来的 $U_e = 100$ V 的交流电压经电压变换器 T1,变换为 0 ~ ±5 V 电压,经光电耦合器件 TLP521-2,在正弦波正半波得到一个低电平输出,而在负半波得到一个高电平输出;再经 D 触发器 74LS74 得到二分频后的矩形波,送 CPU 的 P1.6 脚。

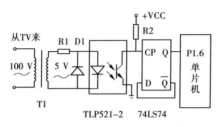

图 4-5　前向输入通道

　　这种测频电路,反应速度较快,测频精度高,误差较小,相对误差不到千分之一。误差的详细分析过程见本书第 5 章软件设计中的 5.4 节“频率测量”。

4.4　模拟量的采集电路

　　本装置为了保证低频减载装置在外界干扰下不误动,以及当变电站进、出线发生故障,母线电压急剧下降导致测频错误时,装置不致误发控制命令,除采用 df/dt 闭锁外,还增设了低电压及低电流等闭锁措施。因此,必须输入母线电压和主变电流。这些模拟信号分别由电压互感器 TV 和电流互感器 TA 输入,经电压电流变换模块转换成幅值较低的电压信号,再经信号处理和滤波电路进行滤波,然后经采样保持器和多路转换器,送入 A/D 转换电路。

　　直流采样对 A/D 转换器的转换速率要求不高,软件算法简单;因为经过整流和滤波环节,转换成直流信号,抗干扰能力较强。

　　从本系统的实际情况出发,由于本装置的模拟量的采集信号只不过是作为闭锁信号,利用直流采样方式,其精度能够满足系统可靠性要求,故本装置从简化软件算法出发,选择直流采样方式。

母线电压从 10VIN 脚加入, 主变电流从 20VIN 脚加入。

本设计采用 AD574A 作为 A/D 转换芯片, 转换来自母线电压和主变电流等模拟量, 输出数字量电压给 CPU 进行电压比较, 具有 12 位转换精度。本系统设计采用 ±5 V 双极性接法, 其电路接线如图 4-6 所示。

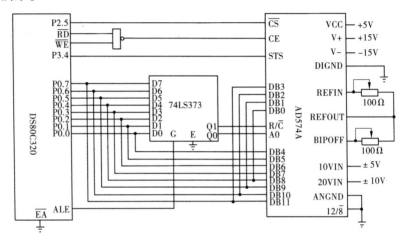

图 4-6　AD574A 接口电路

AD574A 需要 3 种电压, 即 ±15 V 和 +5 V, 其数字量输出为 0～5 V 的 TTL 电平, 而其 D/A 转换用的 +10 V 参考电压电源, 在芯片内部由 +15 V 经过降压电阻和一个带温度补偿的齐纳二极管产生。为了对参考电压进行微调, 以调整 A/D 转换器的比例常数, 从而达到微调 A/D 转换器的比例常数的目的, 此 10 V 电压并不是在内部直接引向 D/A 转换器, 而是先从 REFOUT 端引出, 以便在外部经一个 100 Ω 的微调电位器再从 REFIN 端接入, 供给 A/D 转换器。AD574A 内部模拟地和数字地是分开的, 分别经两个端子引出, 在外部应把模拟地直接引至输入模拟量的零线。整套装置的模拟地和数字地只允许在一点相连, 以防止数字零线回路上通过电流造成的压降传入模拟量输入回路而引起 A/D 转换的噪声。

整个模拟量的采集电路如图 4-7 所示。

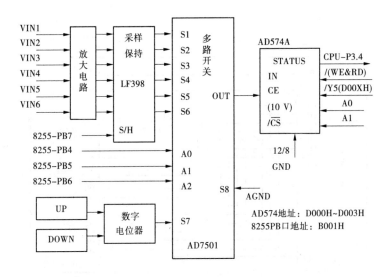

图 4-7　对 VIN1～VIN6 等的模数转换原理图

4.5　I/O 接口扩展

本设计系统要向各回线路断路器发跳闸及重合闸控制命令,定值输入采用按键实现,故需要对 I/O 进行扩展。扩展芯片选用 Intel 公司生产的可编程输入输出接口芯片 8255A,扩展接线如图 4-8 所示。

由图 4-8 的接线可知,8255A 的控制字和口地址范围为:B000H～B003H,其中控制字地址为 B003H,A 口为 B000H,B 口为 B001H,C 口为 B002H。

本次设计用 8255A 作为 I/O 接口时,使用方式 0 工作模式(基本输入输出方式),A 口输入,B、C 口输出,则其控制字为 90H。开关量通过 A 口输入,A 口接八个按键和四对复用开关接点。具体分配如表 4-3、表 4-4 所示。

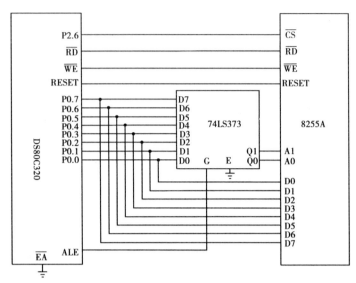

图 4-8   8255A 扩展

表 4-3   8255A 工作方式

口名称	地址	工作方式	用途
PA 口	B000H	输入	开入,AJ1~AJ8,外接四路开关接点复用
PB 口	B001H	输出	PB0~3 开出,PB4~6 为 AD7501 多路开关选通,PB7 为 LF398 采样/保持控制
PC 口	B002H	输出	跳闸、重合闸
控制寄存器	B003H	10010000	

表 4-4   开关量输入对应关系

接入 PA 口	PA7	PA6	PA5	PA4	PA3	PA2	PA1	PA0
键按下 PA 口状态	1	1	1	1	0	0	0	0
板上按键号	AJ8	AJ7	AJ6	AJ5	AJ4	AJ3	AJ2	AJ1
外接空接点(开入)	KR4	KR3	KR2	KR1	未接入			
接点闭合 PA 口状态	1	1	1	1				

4.6　开关量输出电路

本系统有如下几种控制信号输出:8 路作为断路器跳闸(减负荷)信号,8 路作为跳闸后重合闸信号,3 路作为状态指示/报警信号。由于8255A 内有数据输出缓冲/锁存器,不需外加锁存器。利用 8255A 的 C口高三位 PC0、PC1、PC2 经 3 ~ 8 译码器 74CS138 译码后产生 8 路跳闸信号;利用 8255A 的 C 口三位 PC4、PC5、PC6 经 74LS138 译码后输出 8路作为重合闸信号;利用 PB0、PB1、PB2 产生 3 路输出,作为状态指示/报警信号。

74LS138 的引脚如图 4-9 所示,逻辑功能表如表 4-5 所示。

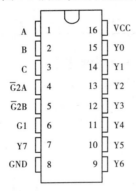

图 4-9　74LS138 的引脚

表 4-5　74LS138 逻辑功能表

输入						输出
使能			选择			
G1	G2A	G2B	C	B	A	低电平有效
×	H	×	×	×	×	×
×	×	H	×	×	×	×
L	×	×	×	×	×	×

续表 4-5

输入						输出
使能			选择			
H	L	L	L	L	L	Y0
H	L	L	L	L	H	Y1
H	L	L	L	H	L	Y2
H	L	L	L	H	H	Y3
H	L	L	H	L	L	Y4
H	L	L	H	L	H	Y5
H	L	L	H	H	L	Y6
H	L	L	H	H	H	Y7

表 4-3 中, H 为高电平, L 为低电平。

开关量输出接口电路如图 4-10 所示。

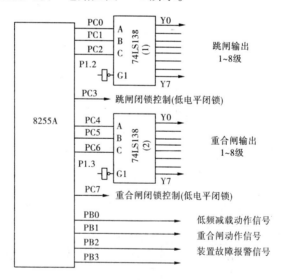

图 4-10　开关量输出接口电路

从接口电路图可知,译码器和8255A 的 B、C 口的对应关系如表4-6所示。

表4-6 译码器和8255A 的 B、C 口的对应关系

3~8 译码器1			3~8 译码器2			使能1	使能2	闭锁	
C	B	A	C	B	A	G1	G1	跳闸	重合
PC2	PC1	PC0	PC6	PC5	PC4	P1.1	P1.2	PC3	PC7

根据以上情况,可推出送8255A 的 B 口和 C 口的数据,对应关系见表4-7、表4-8、表4-9。

表4-7 8255A 的 B 口状态与所发信号的对应关系

项目	PB7	PB6	PB5	PB4	PB3	PB2	PB1	PB0	送 B 口数据
跳闸	0	0	0	0	1	1	1	0	0EH
重合闸	0	0	0	0	1	1	0	1	0DH
报警	0	0	0	0	1	0	1	1	0BH

表4-8 8255A 的 C 口状态与跳闸对应关系

项目	PC7	PC6	PC5	PC4	PC3	PC2	PC1	PC0	送 C 口数据
跳闸1	0	0	0	0	1	0	0	0	08H
跳闸2	0	0	0	0	1	0	0	1	09H
跳闸3	0	0	0	0	1	0	1	0	0AH
跳闸4	0	0	0	0	1	0	1	1	0BH
跳闸5	0	0	0	0	1	1	0	0	0CH
跳闸6	0	0	0	0	1	1	0	1	0DH
跳闸7	0	0	0	0	1	1	1	0	0EH
跳闸8	0	0	0	0	1	1	1	1	0FH

表 4-9　8255A 的 C 口状态与重合闸对应关系

项目	PC7	PC6	PC5	PC4	PC3	PC2	PC1	PC0	送 C 口数据
重合闸 1	1	0	0	0	0	0	0	0	80H
重合闸 2	1	0	0	1	0	0	0	0	90H
重合闸 3	1	0	1	0	0	0	0	0	A0H
重合闸 4	1	0	1	1	0	0	0	0	B0H
重合闸 5	1	1	0	0	0	0	0	0	C0H
重合闸 6	1	1	0	1	0	0	0	0	D0H
重合闸 7	1	1	1	0	0	0	0	0	E0H
重合闸 8	1	1	1	1	0	0	0	0	F0H

　　由于出口控制是电压高、电流大的信号,必须采用电气上的隔离并抑制干扰,本装置采用光电耦合控制继电器跳闸。为了进行出口电路的自检,本系统采用了双工出口电路和自检反馈电路,这样不仅可以提高出口回路的抗干扰能力,而且能保证出口路自检的安全性,如图 4-11所示。

4.7　显示器接口

　　为了适应不同变电站的情况,本系统必须提供功能设置和定值修改功能,使得用户可以根据需要来设置。设置过程中,动作信号及状态信号需要用显示器来显示。

　　本系统采用的显示接口电路如图 4-12 所示,在图中,使用六位八段 LED 作静态显示输出;选用 74LS164 集成芯片作为移位寄存器,实现串入并出的输出方式;CPU 的 P1.0 口线作为数据输出线,P1.1 口线作为移位时钟脉冲。

　　74LS164 为 TTL 单向 8 位移位寄存器,可实现串行输入、并行输出,引脚如图 4-13 所示。其中 A、B(1、2 引脚)为串行数据输入端,两个引脚按逻辑与运算规律输入信号,共一个输入信号时可并接。CLK

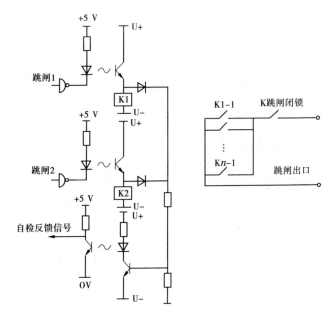

图 4-11　出口电路及自检反馈电路

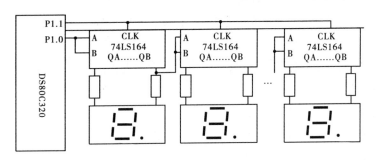

图 4-12　显示接口电路

(8 引脚)为时钟输入端,接收时钟脉冲信号。每一个时钟信号的上升沿加到 T 端时,移位寄存器移一位,8 个时钟脉冲过后,8 位二进制数全部移入 74LS164 中。CLR(9 引脚)为复位端,当 CLR = 0 时,移位寄存器各位复 0,只有当 CLR = 1 时,时钟脉冲才起作用。QA、QB、…、QH(3 ~ 6 和 10 ~ 13 引脚)并行输出端分别接到 LED 显示器的 h、g、…、a

各段对应的引脚上。

　　LED 显示器是单片机应用系统中常用的输出器件。它是由若干个发光二极管组成的,当发光二级管导通时,相应的一个点或一个笔画就发亮。控制不同组合的二极管导通,就能显示出各种字符。这种显示器有共阳极和共阴极两种,本系统采用共阳极接法。八段 LED 外形如图 4-14 所示。LED 排列顺序为:

代码位	D7	D6	D5	D4	D3	D2	D1	D0
显示段	e	f	b	a	h	c	d	g

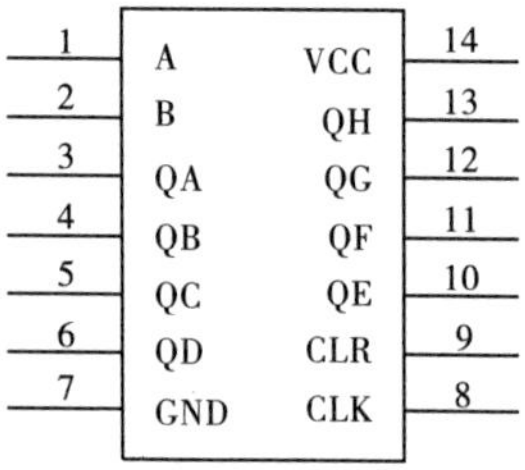

图 4-13　74LS164 引脚 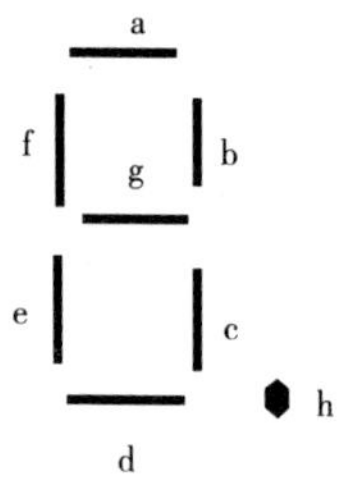　　　　　　图 4-14　LED 外形

　　显示字符、对应写入的数据及显示字符所对应的代码如表 4-10所示。

表 4-10　显示字符、对应写入的数据及显示字符所对应的代码

显示字符	0	1	2	3	4	5	6	7	8	9
写入数据(H)	0	1	2	3	4	5	6	7	8	9
对应代码	09H	DBH	4CH	C8H	9AH	A5H	28H	CBH	08H	88H
显示字符	a	b	c	d	e	f	暗	—	g	p
写入数据(H)	A	B	C	D	E	F	10H	11H	12H	13H
对应代码	0AH	38H	2DH	58H	2CH	2EH	FFH	FEH	29H	0EH
显示字符	n	y	j	o	h	u	l	r	i	t
写入数据(H)	14H	15H	16H	17H	18H	19H	1AH	1BH	1CH	1DH
对应代码	7AH	98H	D9H	78H	1AA	19H	3DH	7EH	FBH	3CH

4.8 串行通信电路

为了实现变电站综合自动化,本装置应设计与上层管理计算机的通信。

通常 PC 机配有 RS232 标准接口,通过转换电路可使 PC 具有 RS485 串行接口,可实现单片机和管理 PC 机的通信,或通过调制解调器与上级调度部门的 PC 机实现远程通信。

如果要实现 80C320 单片机与 PC 机之间的通信,应设计电平转换电路,80C320 单片机与 PC 机之间的连接如图 4-15 所示。

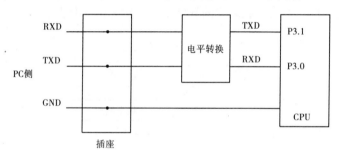

图 4-15 80C320 单片机与 PC 机之间的连接

单片机串口的输入、输出电平均为 TTL 电平,PC 机配有 RS232 标准接口,两者电平不匹配。RS232 标准传输的最大距离为 30 m,而 RS485 标准传输的最大距离为 1 200 m,故本装置考虑采用 RS485 标准进行传输。TTL 电平经 SN75176 转换为 RS485 标准;利用 SN75174 和 SN75175 可以完成 RS232 与 RS485 标准之间的相互转换。

第 5 章　软件设计

5.1　软件的基本结构

5.1.1　软件基本结构

微机自动低频减载装置的软件基本结构如图 5-1 所示。

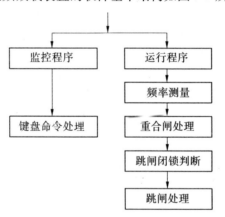

图 5-1　微机自动低频减载装置的软件基本结构

从图 5-1 可以看出,软件分为两大部分。其一为监控程序,作用是调试和检查装置的硬件电路,输入、修改、固化该装置的定值。其二为运行程序,作用是完成低频减载的主要功能,它包括以下几个主要部分:①频率测量;②重合闸处理;③跳闸闭锁判断;④基本级跳闸处理;⑤特殊级跳闸处理。

5.1.2　主程序介绍

本系统的主程序流程图如图 5-2 所示。装置上电或复归后,首先进行初始化和自检,接下来是扫描按键,从前面的 4.5 节可知,AJ1 ~ AJ8 分别对应 8255A 的 PB0 ~ BP7 口。如果 AJ7 按下,执行 A 部分程序,即执行监控程序;如果 AJ7 没有按下,执行 B 部分程序,即执行运行程序。

执行 A 部分程序的过程是:扫描按键,进行不同的处理,然后判断 AJ8 的状态,如果 AJ8 按下,跳转运行状态,即执行 B 部分程序;如果 AJ8 没有按下,则返回 A 处,重新扫描按键,执行 A 部分程序。

执行 B 部分程序的过程是:先用频率的测量值与 50 Hz 进行比较,如果 $f \geqslant 50$ Hz,进行重合闸处理;如果 $f < 50$ Hz,进行跳闸闭锁判断,若 $\mathrm{d}f/\mathrm{d}t <$ 定值,同时母线电压 U 低电压闭锁定值,且主变电流 $I >$ 低电流压闭锁定值,即不闭锁,进行基本级和特殊级动作的确定,否则,不进行动作确定。然后扫描按键,如果 AJ7 按下,跳转 A 处,执行监控程序;如果 AJ7 没有按下,则返回 B 处,重返运行状态,其中还包括定时自检。

5.2　初始化及自检

5.2.1　初始化

在上电或按下面板上复位键时,从入口处执行程序,首先是完成初始化,初始化包括堆栈指针设计、定时器工作方式的初始化。

5.2.2　自检

初始化完成后,进行全面自检。自检又称故障自诊断,是指装置对内部各主要部件在不需要运行人员参与的情况下进行自检的功能。如检查出某部分工作不正常,则立即报警,以提醒维护人员进行检修。对关键部件故障,则自动闭锁相应出口,以保证安全运行。自检包括以下

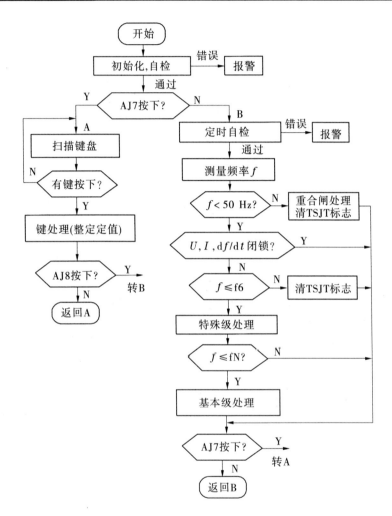

图 5-2　主程序流程图

几个内容：①单片机片内 RAM 的自检；②EPROM 的自检；③EEPROM 的自检；④模拟量输入通道的自检；⑤开关量输出通道的自检。

初始化及自检程序流程图见图 5-3。自检全过程见图 5-4。

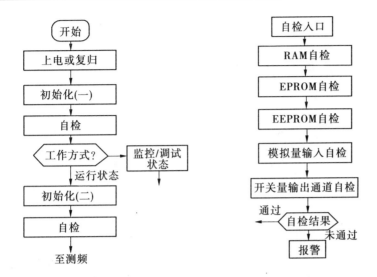

图 5-3 初始化及自检程序流程图　　图 5-4 自检全过程

5.2.2.1 单片机片内 RAM 的自检

对单片机片内 RAM 的自检采用非破坏性测试。非破坏性测试是指对某个 RAM 单元测试时,需将原来所存的数据保留,待测试完时,恢复其原来数据。RAM 自检程序流程图如图 5-5 所示,相应程序见第 6 章程序清单中的 ZJRAM 子程序。

5.2.2.2 EPROM 的自检

EPROM 属于只读存储器,一般用于存放程序或参数,故不能像检查 RAM 一样用写入比较方法去检查。根据实际情况,可以用以下求和的方法测试。将 EPROM 中自第一字节至第末字节的代码,采取按位加的办法,将它们全部相加起来,得出一个和数(不考虑进位),称为检验和,并将这个检验和事先存放在 EPROM 指定的地址单元中。以后在进行自检时,按照上述求和的方法,得到一个和数,将此和数与事先存放在 EPROM 指定的地址单元中的检验和进行比较,如果相等,则认为 EPROM 正常,否则认为有错,发报警信号,和数指定的地址单元为 7FFFH。EPROM 自检程序流程图如图 5-6 所示,相应程序见第 6 章程序清单中的 ZJEPROM 子程序。

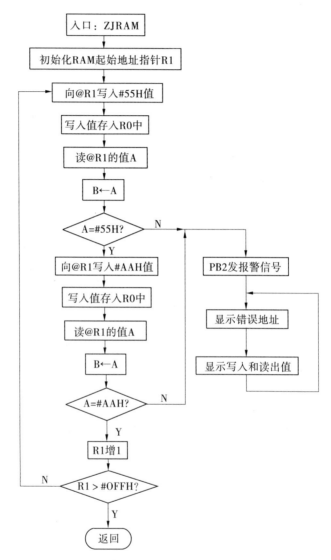

图 5-5　RAM 自检程序流程图

5.2.2.3　EEPROM 的自检

　　EEPROM 的自检方法同 EPROM 的自检方法基本相同,检测单元

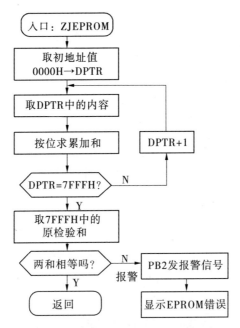

图 5-6　EPROM 自检程序流程图

从 8000H 到 87FEH,和数指定的地址单元为 87FFH。相应程序见第 6 章程序清单中的 ZJEEPROM 子程序。

5.2.2.4　模拟量输入通道的自检

模拟量输入通道的自检,包括对模拟滤波器、采样保持器、多路开关和 A/D 转换器的检查。其方法是在设计模拟量输入通道时,专设一个采样通道,即 VIN4,该通道的输入是一个标准电压,即 +5 V,CPU 通过对这一通道的采样值与标准电压的数字量进行比较,相等则正常,否则,不正常,发报警信号。模拟量输入通道自检程序流程图如图 5-7 所示,相应程序见第 6 章程序清单中的 ZJAD 子程序。

5.2.2.5　开关量输出通道的自检

开关量输出通道的自检包括输出接口电路、光隔离电路、继电器出口电路等部分的自检。开关量输出通道的设计采用双工出口电路和自检反馈电路,自检时,由程序送出跳闸 1 输出命令,并禁止跳闸允许输

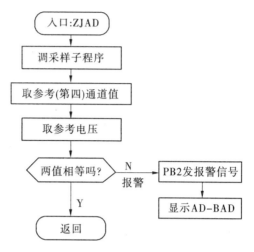

图 5-7　模拟量输入通道自检程序流程图

出,然后通过 8255A 的 PA 口读出反馈信号,以此判断跳闸 1 通道是否正常,其余跳闸出口通道以及重合闸出口通道的检查方法类似。相应程序见第 6 章程序清单中的 ZJSCTD 子程序。

5.3　整定值设置和修改

低频减载装置的定值设置与修改是利用 8255A 的 PA 口来完成的,键的抖动与重键,通过软件方法来解决。这样设计有利于简化硬件与程序。软件解决方法如图 5-8 所示,就是通过延时来等待信号稳定,在信号稳定后查询键码。其过程是在查询到有键按下后延时一段时间(12~20 ms),再查询一次,看是否有按键按下,若第二次查询不到,则说明前一次查询结果为干扰或抖动,若这一次查询到有按键按下,则说明信号已经稳定,然后判断闭合按键的按码。当闭合按键的按码确定之后,再查询按键是否释放,等待按键释放后再进行处理,这样即可消除释放抖动的干扰。对于重键,则以后一次查询为最后结果。

键的功能处理是这样进行的:扫描按键,即读入 8255 的 PA 口的值后,将 PA 口的值送寄存器 A,查询寄存器 A 的各位状态是否变化,然后进行不同的处理,见图 5-9。AJ1、AJ2 按下,则模式增、减 1,即程序存储器地址增、减 1,模式是指定值的类型,例如基本级的动作频率 f1 ~ f5,延时 t1 ~ t5,特殊级的动作频率 f1 ~ f3,延时 t1 ~ t3,频率变化率闭锁值,低电压、低电流闭锁值,是否重合闸允许等;AJ3、AJ4 按下,则定值增、减 1;AJ5 按下,赋初值;AJ6 按下,存 EEPROM 检验和,并返回显示第一定值;AJ7 按下,跳转运行状态。

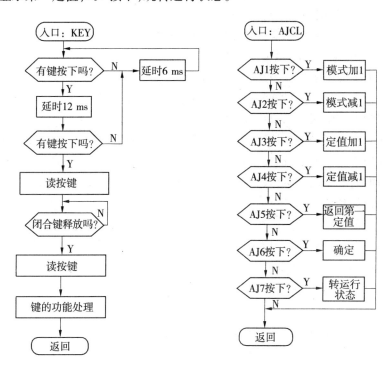

图 5-8　键盘扫描程序流程图　　　图 5-9　键的功能处理程序流程图

5.4　频率测量

　　工频频率的测量是电力系统自动测控的基本要求之一,电力系统频率的监测、自动准同期装置以及自动低频减载装置均需要获得工频频率的信息。

以往测量频率都是采用结构复杂的频率计或者是利用工频频率变送器。工频频率变送器的作用是将电网的交流电频率变换成具有线性比例关系的规范化直流电压或电流,并通过远动装置和计算机网络实现对电网频率的自动测量监控。一般将被测的工频频率变换为直流电压 0 ~ ±5 V,或直流 0 ~ ±1 mA 的输出。这类测频方法往往存在工作性能不稳定、精确度不高等缺陷。

随着电力系统综合自动化的发展,单片机在电力系统中得到了广泛的应用,单片机测频也成为必然趋势。

为了准确测量电力系统频率,必须将系统的电压由电压互感器 TV 输入,经过电压变换器变换成与 TV 输出成正比的幅值在 ±5 V 范围内的同频率的电压信号,再经低通滤波和整形,转换为与输入同频率的矩形波。将此矩形波连接至 MCS-51 单片机的 INT0 脚(即 P3.2 脚),可以利用矩形波的上升沿启动单片机,对内部时钟脉冲开始计数,而利用矩形波的下降沿结束计数,然后根据一个周期内单片机的计数值,推算出系统的频率。

由于单片机时钟频率选为 18.432 MHz,片内经过 12 分频,则一个机器周期为 $12/18.432 = 0.651$ μs,那么一个信号周期 $T = N \times 0.651$ μs $= N \times 0.651 \times 10^{-6}$ s,信号频率为 $f = 1/T = 1/(0.651 \times N \times 10^{-6}) = 1\,536\,000/N$ Hz,故只要用 $1\,536\,000$ 去除以计数次数 N 就可以得到频率。

测频程序包括:①先测出一个信号周期内的机器周期数 N,即计数子程序;②频率计算子程序。

5.4.1　计数子程序

输入信号经过整形输入单片机的 P1.6 脚(二分频后),采用矩形波上升沿开始计数、下降沿停止计数的方法来计数,刚好对应于正弦波一个完整周期,其程序流程图如图 5-10 所示。

因为是利用定时器/计数器 T1 来完成计数功能,其参数选定原则是:①初值:TL1 = 00H,TH1 = 00H,50 Hz 左右的信号,大约相当于 10^4

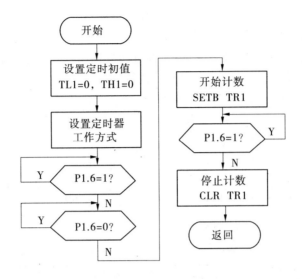

图 5-10 计数子程序流程图

个机器周期,用 16 位计数器即可满足要求,不会产生溢出。②TMOD 的选择:定时器/计数器 T0 和 T1 都为定时工作方式,采用方式 1,故 TMOD 选取为 11H。③TCON 的选择:这里不需要考虑中断,故只选择控制 TR1 就可以了,开始计数时,TR1 置"1",停止计数时清"0"。

5.4.2 频率计算子程序

如何选用除法运算来求得频率呢? 下面是运算过程。

对于 8 位机,除法指令 DIV A,B 只能用于 1 字节(8 位二进制)除以 1 字节,显然除法指令位数是远远不够的,这里不妨扩展为多字节的除法程序。为了避免产生小数的运算,可以将频率改为 $f = 153600000/N$(分子扩大 100 倍),这样,除法子程序须用 4 个字节除以 2 个字节的方案。调用一次多字节除法子程序后,得到的商为 2 字节,实际上是十进制的 4 位数,这里不是十六进制的结果。然后用商作为被除数去除以 1000D(03E8H),商的整数部分必定为频率的最高位(十位),且是小于等于 9 的一个数,再用其余数作为被除数去除以 100D(64H),所得商为频率的个位,然后再用余数作为被除数,10D(0AH)作为除数,调用多字节除法子程序,所得商为小数点后面第一位(十分位),余数为小数点后面第二位(百分位)。经过四次调用除法子程序后,频率就可以算出来了,且转化为十进制的数值,从高到低放入四个存储单元,即 XS06、XS05、XS04、XS03,这里 XS06、XS05 为十位和个位,XS04、XS03 为十分位和百分位。频率计算子程序流程图如图5-11所示。

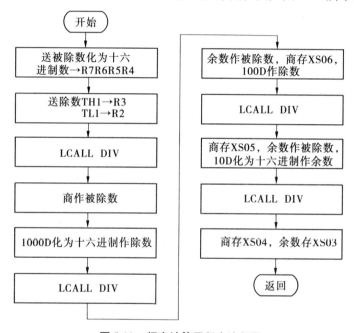

图 5-11　频率计算子程序流程图

5.4.3　测频误差分析

利用上述方法测量系统工频频率,其精确度远远高于常规的测频方法,但也会产生误差,不过,通过分析可知,其测频相对误差小于0.03%。

频率的误差主要来源于以下两个方面:

(1)计数带来的误差。

计数时,是采用计一个信号周期内计数器的动作次数,可能产生误差的情况是在执行 JNBP3.2,$指令前的一瞬间,信号变为高电平,此时执行这样一条指令占两个机器周期,1 个机器周期为 0.651 μs,故相对误差为 $2 \times 0.651 \times 10^{-6}/0.02 = 0.651/10000$。

(2)频率的计算带来的误差。

频率的计算是采用除法计算而得的,十进制转换时采用多字节除法,除一次就得到一个显示位,且余数全部保留,并作为下一次除法的被除数,故不会产生误差。但在第二次利用除法子程序时,只能保留到小数点后第二位,相对误差为 0.01 Hz/50 Hz = 2/10000。

(1)、(2)两项综合误差为 0.651/10000 + 2/10000 = 2.651/10000,小于 0.03%,其精度完全可以满足电力系统自动低频减载装置的需要。

5.5　频率处理

频率测量后,就进入频率处理部分,它包括:①跳闸闭锁判断;②基本级跳闸处理;③特殊级跳闸处理;④重合闸处理。

频率处理程序流程图如图 5-12 所示。基本级跳闸处理子程序流程图如图 5-13 所示,相应程序见第 6 章程序清单中的 JBJCL 子程序;特殊级跳闸处理子程序流程图如图 5-14 所示,相应程序见第 6 章程序清单中的 TSJCL 子程序;重合闸处理子程序流程图如图 5-15 所示,相应程序见第 6 章程序清单中的 CHZCL 子程序。

频率处理的全过程在前面主程序流程图中已经介绍过,下面介绍基本级跳闸处理子程序和特殊级跳闸处理子程序。

基本级的确定过程如下:如果 $f \leqslant f1$,判断标志位 JBJ1 是否已经置"1",如果 JBJ1 = 1,则说明第一级已经动作过,不必重新启动;如果 JBJ1 ≠ 1,则说明第一级尚未动作过,这时应该启动第一级,发跳闸命令,并将标志位置"1",将 #01H 送 XS05,以显示基本级动作情况。基本级其他各级判断过程类似,这里不再重述。

特殊级确定过程如下:特殊级的延时标志 TM2 表示延时秒数,如果特殊级的第一级延时到,则启动特殊级第一级,发跳闸命令,并将标志位 TSJ1 置"1",将#01H 送 XS06,以显示特殊级动作情况。特殊级其他各级判断过程类似,这里也不必重述。

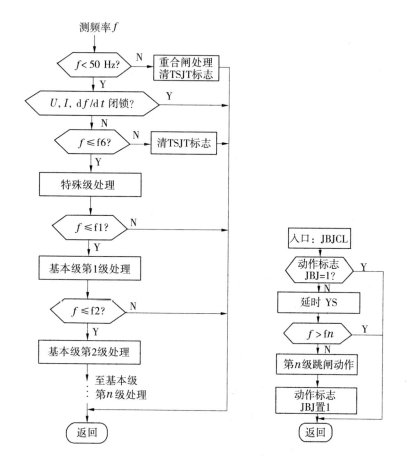

图 5-12　频率处理程序流程图

图 5-13　基本级跳闸处理
子程序流程图

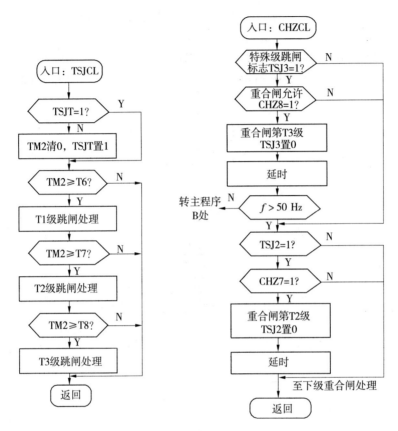

图 5-14　特殊级跳闸处理程序流程图　　图 5-15　重合闸处理子程序流程图

5.6　T0 中断服务子程序

确定特殊级的级别时,是以时间为依据的,即在频率下降到特殊级启动频率时,启动定时器 T0,各级动作延时到则切除各级负荷;基本级动作也需要用到延时。所有需要用到的延时,都是利用 T0 中断服务子程序来完成的。T0 定时 20 ms(#87H 送 TH0,#FEH 送 TL0),20 ms 到就产生中断,"20 ms"单元加 1,"20 ms"单元等于 5 时(即 0.1 s 到),让

TM1 单元加 1，TM1 就是 0.1 s 数，TM1 作为基本级动作延时；"20 ms"单元等于 50 时（即 1 s 到），让 TM2 单元加 1，ZJT 单元加 1，TM2 就是秒数，TM2 作为特殊级动作延时，ZJT 作为自检定时。T0 中断服务子程序流程图如图 5-16 所示，相应程序见第 6 章程序清单中的 TIME0 子程序。

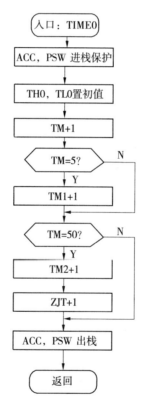

图 5-16　T0 中断服务子程序流程图

　　工作方式控制器 TMOD 的确定过程如下：C/T 不受外部输入引脚的控制，故 GATE = 0；C/T0、C/T1 都取定时器方式，故 C/T = 0；定时器采用方式 1，故 M1 = 0，M0 = 1。所以，TMOD = 11H。TMOD 的各位数据如下。

GATE	C/$\overline{\text{T}}$	M1	M0	GATE	C/$\overline{\text{T}}$	M1	M0
0	0	0	1	0	0	0	1

定时器的初值设置过程如下:当 T0 为定时工作方式时,定时时间计算公式为:

$$定时时间 = (2^{16} - 计数初值) \times 机器周期$$

则有:

$$(2^{16} - x) \times 0.651 \times 10^{-6} = 20 \times 10^{-3}$$

解出 x: $x = 34\ 814$;转化为十六进制为:87FE。

所以,TH0 = #87H,TL0 = #FEH,这就是 C/T0 的初值。

5.7 软件调试

本系统由硬件平台与软件平台组成。模拟低频减载装置控制屏如图 5-17 所示。

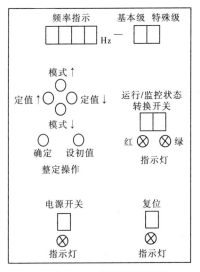

图 5-17 减载装置控制屏

试验方法如下:

(1)六位数码管显示:在运行状态下,前四位显示频率,保留到小数点后两位,第五位显示基本级动作级别,第六位显示特殊级动作级别;在调试/监控状态下,显示模式和定值。

(2)调试时,各按键功能为:

AJ1:模式加1;

AJ2:模式减1;

AJ3:定值加1;

AJ4:定值减1;

AJ5:确定;

AJ6:赋初值;

AJ7:切换到调试/监控状态;

AJ8:切换到运行状态。

(3)参考定值为:

①滑差频率 df/dt 取 3~10 Hz/s;

②低电压闭锁值取 0~60 V;

③低电流闭锁值 0.4~1.5 A;

④其他定值按电力系统低频减载规程来确定。

通过模拟变电站运行试验,动作灵敏,达到比较满意的效果。

5.8　微机系统综合抗干扰技术

单片机由于其优异的性能价格比,被广泛地应用于各个领域。在单片机应用系统的工作环境中,往往不可避免地存在着各种干扰源,如供电系统的干扰、过程通道的干扰、空间辐射的干扰等。这些干扰极容易入侵计算机,使得单片机应用系统的可靠性和稳定性大大下降,严重时甚至使整个系统运行失常乃至瘫痪。因此,增强单片机应用系统的抗干扰能力,提高系统运行的可靠性、稳定性显得尤为重要。抗干扰技术主要有硬件抗干扰技术和软件抗干扰技术。

5.8.1 干扰的来源和后果

工业现场环境中干扰是以脉冲的形式进入单片机系统的,其主要的渠道有三条,即供电系统的干扰、过程通道的干扰、空间辐射的干扰。供电系统的干扰是由电源的噪声干扰引起的;过程通道的干扰是干扰通过前向通道和后向通道进入系统;空间辐射的干扰多发生在高电压、大电流、高频电磁场附近,并通过静电感应、电磁感应等方式侵入系统内部。干扰一般沿各种线路侵入系统。此外,系统接地装置不可靠,也是产生干扰的重要原因;各类传感器、输入输出线路的绝缘损坏均有可能引入干扰。

干扰产生的后果主要有以下几点:

(1)造成数据采集误差的加大。

(2)造成程序运行失常。

(3)引起系统被控对象的误操作。

(4)引起被控对象状态不稳定。

(5)造成定时不准。

(6)使存储器中有效数据发生变化。

5.8.2 单片机应用系统的硬件抗干扰技术

5.8.2.1 供电系统的抗干扰措施

(1)远离干扰源。进入计算机的电源线不宜接入带有大功率感性负载的动力线,可以采用专用的 220 V 交流电源供电。

(2)安装隔离变压器。考虑到高频噪声通过变压器主要不是靠初次级线圈的互感耦合,而是靠初次级寄生电容耦合的,因此隔离变压器的初次级之间应采用三层屏蔽层保护。

(3)设计电源电压监视器。

(4)模拟电路与数字电路系统独立供电。模拟电路与数字电路之间无电路上的直接联系,利用浮空技术,互不共地。

(5)数字电路系统采用集成度高、抗干扰性强的开关电源。在交流电源输入端加入 LC 高频滤波网络,能有效地滤除高频干扰。

（6）安装低通滤波器。由谐波频谱分析可知,电源引起的干扰大部分是高次谐波,可在隔离变压器之后设计低通滤波器,让50 Hz市电基波通过,滤去高次谐波,以改善电源波形。

（7）采用分散独立的功能块供电。在实际的控制系统中,往往需要提供多种电源,此时应采用分散独立的功能块供电,即用相应的三端集成稳压块分别组成所需的稳压电源。这样可以减少公共阻抗和公共电源的相互耦合,有利于电源散热,大大提高供电的可靠性。

5.8.2.2　过程通道的抗干扰措施

导线间的相互耦合（包括电耦合、磁耦合、电磁耦合）是过程通道干扰的主要因素之一,合理的布线、选线以及通道的隔离是抑制、消除干扰的主要措施。

（1）布线上采用"远离技术"。将干扰源远离被干扰的信号线和回路,即强电的馈线必须单独连线,绝对不能与弱信号线绑扎在一起,尽量避免平行走向,最好使二者正交,这样可以将电场耦合与磁场耦合形成的干扰电压降到最小。

（2）双绞线传输。双绞线能使各个小环路的电磁感应干扰相抵消,对电磁场干扰有一定的抑制效果。与同轴电缆相比,虽然双绞线频带较窄,但波阻抗高,抗共模噪声效果好。

（3）长线传输的阻抗匹配。要求信号源的输出阻抗、传输线的特性阻抗与接收端的输入阻抗三者相等,否则信号在传输中会产生反射,造成失真。

（4）用电流传输代替电压传输。这种方法可获得较好的抗干扰能力。

（5）光电耦合隔离。光电耦合器是在密封条件下,利用光电耦合来沟通被切断的电路,不会受到外界光的干扰。采用光电耦合器切断主机与前向通道、后向通道电路以及其他主机电路的联系,能有效地防止干扰从过程通道进入主机。在强干扰情况下,还可以采用光电耦合器将主机与其他所有外接通道实行完全隔离,以保证单片机应用系统可靠运行。在一般情况下,开关量的输入、输出采用一重光电隔离即可,但对于高压系统,当干扰比较强和线路长时,线路分布参数影响不容忽视,可考虑采用二重光电隔离。

(6)进入 A/D 的每路信号,先要进行滤波和限幅,以减小干扰的影响。

(7)对于暂不工作的 A/D 通道,输入一律短路,以防止感应电压进入计算机,影响系统正常工作。

(8)采用低噪声前置差动放大电路。由于集成电路内部电路复杂,因此它的噪声较大,即使是那些被称为"极低噪声"的集成运放,在模拟量输入幅值较小时,其噪声干扰也不容忽视。因此,对需要放大的模拟量输入信号,可以采用前置差动、放大电路、提高输入电阻,或采用对称的电路结构等措施,获得较大的共模抑制比。

5.8.2.3　空间辐射的抗干扰措施

辐射干扰主要来源于空间存在的多种电磁波。例如,通信、广播、大功率设备的开关电弧,电网有脉冲源工作时的射频波及系统内部高频电路辐射出的电磁波等。这些辐射波的电磁感应的方式通过壳体、导线等形成接收电路,造成对电路的干扰。

对付辐射干扰的主要方法有:

(1)屏蔽技术。屏蔽技术包括静电屏蔽、电磁屏蔽、磁屏蔽。屏蔽方式有两种:一种是把容易被干扰的电路或导线、壳体等屏蔽起来,以防接收辐射干扰;另一种是把辐射屏蔽起来,防止辐射干扰影响其他电路,例如将 ADC 等器件置于接地的金属罩内。

(2)浮空技术。信号地不接机壳或大地,电路与机壳或大地之间无直流联系。系统浮置后,加大了信号与大地或外壳间的阻抗,阻断了干扰电流的通路。

(3)合理布局。将内部具有辐射性能的电路独立远置,以避免对其他电路的影响。

(4)在信道中设置各种滤波器,以滤除由辐射而引起的干扰。

5.8.3　其他抗干扰措施

5.8.3.1　印制电路板的布线与工艺

(1)尽量采用多层印制电路板,多层板可提供良好的接地网,可防止产生地电位差和元件之间的耦合。

(2)印制电路板要合理分区。模拟电路区、数字电路区、功率驱动区要尽量分开,地线不能相混,分别和电源端的地线相连。

(3)元件面和焊接面应采用相互垂直、斜交或者弯曲走线,避免相互平行,以减小寄生耦合;避免相邻导线平行段过长;加大信号线间距。高频电路互连导线应尽量短,使用45°或者圆弧折线布线,不要使用90°折线,以减小高频信号的发射。

(4)印制电路板要按单点接电的原则送电。三个区域的电源线、地线分三路引出。地线、电源线要尽量粗,噪声元件与非噪声元件要尽量离远一些。时钟振荡电路、特殊高速逻辑电路部分用地线圈起来,让周围电场趋近于零。

(5)使用满足系统要求的最低频率的时钟,时钟产生器要尽量靠近用到该时钟的器件。石英晶体振荡器外壳要接地,时钟线尽量短,时钟线要远离I/O线,在石英晶体振荡器下面要加大接地的面积而不应该走其他信号线。

(6)I/O驱动器件、功率放大器件尽量靠近印制板的边,靠近引出接插件。重要的信号线要尽量短并尽量粗,在两侧要加上保护地。将信号通过扁平电缆引出时,要使用地线—信号—地线相间的结构。

(7)原则上每个IC元件要加一个$0.01 \sim 0.1~\mu F$去耦电容,布线时去耦电容应尽量靠近IC的电源脚和接地脚。要选高频特性好的独石电容或瓷片电容作为去耦电容。去耦电容焊在印制电路板上时,引脚要尽量短。

(8)闲置不用的IC管脚不要悬空,以避免干扰引入。

5.8.3.2　提高元器件的可靠性

(1)选用质量好的电子元件并进行严格的测试、筛选和优化。

(2)设计时元件技术参数要有一定的余量。

(3)提高印制板和组装的质量。

5.8.3.3　使用多机冗余设计

在对控制系统的可靠性有严格要求的场合,使用多机冗余可进一步提高系统抗干扰能力。多机冗余,就是执行同一个控制任务,可安排多个单片机来完成。以双机冗余为例,所谓双机冗余,就是执行同一个控制任务,可安排两个单片机来完成,即主机与从机。正常情况下,主机掌握着三个总线的控制权,对整个系统进行控制,此时,从机处于待机状态,等待仲裁器的触发。当主机由于某种原因发生误动时,仲裁器根据判别条件,若认为主机程序已混乱,则切断主机的总线控制权,将从机唤醒,从机将代替主机进行处理与控制。

5.8.4 单片机应用系统的软件抗干扰技术

一般来讲,窜入微机测控系统的干扰,其频谱往往很宽,采用硬件抗干扰措施,只能抑制某个频率段的干扰,仍有一些干扰会进入系统。因此,除采取硬件抗干扰方法外,还要采取软件抗干扰措施。

5.8.4.1 采用数字滤波技术

叠加在系统模拟输入信号上的噪声干扰,会导致较大的测量误差。但由于这些噪声的随机性,可以通过数字滤波技术剔除虚假信号,求取真值。常用方法如下。

1)算术平均滤波法

算术平均滤波法就是连续取 N 个值进行采样,然后求其平均值。该方法适用于对一般具有随机性干扰的信号进行滤波。这种滤波法的特点是:当 N 值较大时,信号的平滑度好,但灵敏度低;当 N 值较小时,信号的平滑度低,但灵敏度高。

2)递推平均滤波法

该方法是把 N 个测量数据看成一个队列,队列的长度为 N,每进行一次新的测量,就把测量结果放入队尾,而扔掉原来队首的数据。计算 N 个数据的平均值。对周期性的干扰,此方法有良好的抑制作用,平滑度高,灵敏度低,但对偶发脉冲的干扰抑制作用差。

3)防脉冲干扰平均值滤波法

在脉冲干扰比较严重的场合,如果采用一般的算术平均滤波法,则干扰将会"平均"到结果中去,故算术平均滤波法不易消除由于脉冲干扰而引起的误差。为此,在 N 个采样数据中,去掉最大值和最小值,然后计算 $N-2$ 个数据的算术平均值。为了加快测量速度,N 一般取 4。

5.8.4.2　采用系统自检程序

设计系统自检程序是提高系统可靠性的有效方法之一。自检程序能对单片机的输入输出通道、内部 RAM、特殊功能寄存器 SFR、外部 RAM 等进行故障检查和诊断,并能给出故障的部位。

5.8.4.3　系统程序失控的对策

当干扰通过总线或其他口线作用到 CPU 时,就会造成程序计数器 PC 值的改变,引起程序混乱,使系统失控。因此,在设计单片机系统时,如何发现 CPU 受到干扰,并尽可能无扰地使系统恢复到正常工作状态是软件设计应考虑的主要问题。

1)采用指令冗余技术

CPU 受到干扰后,往往将一些操作数当做指令码执行,引起程序混乱。MCS-51 指令系统中所有的指令都不超过 3 个字节,而且有很多单字节指令。当程序弹飞到某一个单字节指令上时,便自动纳入正轨;当程序弹飞到某一双字节或三字节指令上时,有可能落到某操作数上,继续出错。因此,在软件设计时,应多采用单字节指令,并在关键的地方人为地插入一些单字节指令(NOP),或将有效单字节指令重复书写,这就是指令冗余。对双字节和三字节指令,在其后插入 2 条空操作指令 NOP,可保护其后的指令不被拆散。程序设计中,常在一些对程序流向起决定作用的指令(如 RET、RETI、ACALL、LCALL、LJMP、JZ、JC 等)和某些对系统状态起重要作用的指令(如 SETB、EA 等)之前插入两个 NOP 指令,可保证纳入正轨,或者在这些重要指令后面重写,确保这些指令的正确执行。

实践表明,过多的冗余指令会降低系统效率,但是只要在关键部位控制适当,还是可以有效地遏制程序的乱飞现象的。

2)采用软件陷阱技术

所谓软件陷阱,就是在 PC 正常运行时不该到达的存储区设置一条引导指令,捕获 PC 并强行将其引向一个指定的地址,在那里有一段专门对程序运行出错进行处理的程序,以此达到复位系统的目的。

如果我们把这段程序的入口标号称为 ERR 的话,软件陷阱即为一条 LJMP　ERR 指令。为加强其捕捉效果,一般还在它前面加两条

NOP 指令。因此,真正的软件陷阱由三条指令构成:

NOP

NOP

LJMP ERR

软件陷阱常被安排在下列四种地方:

(1)未使用的中断向量区;

(2)未使用的大片 ROM 空间;

(3)表格;

(4)程序区。

由于软件陷阱都安排在程序正常执行时不该到达的地方,故不会影响程序执行效率。

3)利用"看门狗"技术

当跑飞程序既没有落入软件陷阱,又没有遇到冗余指令,而是在用户程序之间或用户本未使用的地址空间跳来跳去时,就会自动形成一个死循环。解决这一问题的办法是采用"看门狗"技术来实现 PC 快速自恢复。

"看门狗"可采用硬件电路设计完成,也可以采用软件"看门狗"。采用软件"看门狗"可以避免硬件"看门狗"所需要增加的开销。

软件"看门狗"的具体设计方法如下:

采用定时器 T0 来作为 WATHDOG,将 T0 的中断定义为高级中断,系统中的其他中断设为低级中断,WATCHDOG 启动后,系统必须及时刷新 T0 的时间常数。这样,当程序正常运行时,由于每次还未到 T0 产生溢出中断即将 T0 的时间常数刷新,T0 中断永远不会发生;而当程序因干扰进入某一小区域死循环时,T0 将产生高级中断,T0 中断可直接转向出错处理程序,由出错处理程序来完成系统复位。

第6章　程序清单

; 程序清单 CXQD. ASM

;　6 LED Display, P1.0(RXD2) - - >XSRXD, P1.1(TXD2) - - >XSTXD

;　Fosc = 18. 432 MHz, T0, T1, T2 Fosc/12, Tc = 0. 651 μs

;　　50 * 30722 * 0. 651 μs = 1 s, 34814 - - >87FEH

;　　TIME0: 20 ms, 0. 1 s, 1/3 s, 1/2 s, 1 s

;　　T1 : Counter

;　　Note: 0000H MUST WRITE : LJMP　　MAIN

;

S01BIT	EQU	08H	
S13BIT	EQU	09H	
S12BIT	EQU	0AH	
SBIT	EQU	0BH	
DIVBIT	EQU	0CH	
DP1BIT	EQU	0DH	
DP2BIT	EQU	0EH	
DP3BIT	EQU	0FH	;21H
JBJ	EQU	10H	
JBJ1	EQU	11H	
JBJ2	EQU	12H	
JBJ3	EQU	13H	
JBJ4	EQU	14H	
JBJ5	EQU	15H	

TSJT	EQU	16H	
TSJ1	EQU	17H	;22H
TSJ2	EQU	18H	
TSJ3	EQU	19H	
BSBZ	EQU	1AH	
NOUI	EQU	1BH	
ZJBAD	EQU	1CH	;23H
;			
XSZC	EQU	30H	
XS01	EQU	31H	
XS02	EQU	32H	
XS03	EQU	33H	
XS04	EQU	34H	
XS05	EQU	35H	
XS06	EQU	36H	
MS20	EQU	37H	
TM1	EQU	38H	
TM2	EQU	39H	
ZC1	EQU	3AH	
AL	EQU	41H	
AH	EQU	42H	
DL	EQU	43H	
DH	EQU	44H	
TSJT	EQU	4BH	
JBJYS	EQU	4CH	
FL1	EQU	4DH	
FH1	EQU	4EH	

```
FL2     EQU    4FH
FH2     EQU    50H
FL      EQU    51H
FH      EQU    52H
AD1L    EQU    53H
AD1H    EQU    54H
AD2L    EQU    55H
AD2H    EQU    56H
AD4L    EQU    57H
AD4H    EQU    58H
UBH     EQU    59H
UBL     EQU    5AH
IBH     EQU    5BH
IBL     EQU    5CH
FR1     EQU    5DH
FR2     EQU    5EH
ZJT     EQU    5FH
;

        ORG    0000H
        LJMP   MAIN
;

        ORG    000BH          ;C/T0
        LJMP   TIME0          ;42 ms,1/3 s,1/2 s,1 s
;

MAIN：   MOV    21H,#0
        MOV    SP,#70H
```

;初始化

```
        MOV     TMOD,#11H       ;TIME0 IS NORMAL SPEEDED
        MOV     TH0,#87H        ;65536-30722=34814(87FEH)
        MOV     TL0,#FEH        ;50*30722*0.651 μs=1 s
        MOV     MS20,#0         ;34814-->87FEH
        CLR     S01BIT
        CLR     S13BIT
        CLR     S12BIT
        CLR     SBIT
        CLR     ZJBAD
        SETB    TR0
        SETB    ET0
        SETB    EA
        SETB    DP1BIT
        SETB    DP2BIT
        SETB    DP3BIT
        MOV     DPTR,#B003H
        MOV     A,#90H
        MOVX    @DPTR,A
        MOV     DPTR,#B001H     ;8255A 的 B 口初始化
        MOV     A,#FFH
        MOVX    @DPTR,A
        MOV     DPTR,#B002H     ;8255A 的 C 口初始化
        MOV     A,#00H
        MOVX    @DPTR,A
        LCALL   ZJZCX
        JB      ZJBAD,MAIN
```

```
        MOV    DPTR,#B000H
        MOVX   A,@DPTR
        JNB    ACC.6,RUN1
;
LOP1:   LCALL  CSZD          ;进入监控/参数整定子程序
RUN1:   CLR    JBJ           ;进入主程序
        CLR    JBJ1          ;初始化
        CLR    JBJ2          ;基本级动作标志清0
        CLR    JBJ3
        CLR    JBJ4
        CLR    JBJ5
        CLR    TSJT          ;特殊级动作标志清0
        CLR    TSJ1
        CLR    TSJ2
        CLR    TSJ3
        CLR    ZJBAD         ;自检报警标志清0
        MOV    ZJT,#0        ;自检延时清0
        MOV    XS01,#10H
        MOV    XS02,#10H
        MOV    XS03,#10H
        MOV    XS04,#10H
        MOV    XS05,#10H
        MOV    XS06,#10H
        SETB   DP1BIT
        SETB   DP2BIT
        SETB   DP3BIT
        LCALL  XS0
```

;求低电压闭锁定值

```
        MOV     DPTR,#0011H
        MOVX    A,@DPTR
        MOV     R0,#0
        MOV     R1,A          ;7FFH * Ub/7DH;(7DH = 125)
        MOV     R2,#07H
        MOV     R3,#FFH
        LCALL   MUL22         ;(R0R1 * R2R3 = R4R5R6R7)
        MOV     A,R4
        MOV     R2,A
        MOV     A,R5
        MOV     R3,A
        MOV     A,R6
        MOV     R4,A
        MOV     A,R7
        MOV     R5,A
        MOV     R6,#0
        MOV     R7,#7DH
        LCALL   DIV42         ;(R2R3R4R5/R6R7 = R4R5.....R2R3)
        MOV     A,R4
        MOV     UBH,A
        MOV     A,R5
        MOV     UBL,A
;
;求低电流闭锁定值
LL:     MOV     DPTR,#0012H
        MOVX    A,@DPTR
```

```
        MOV    R0,#0
        MOV    R1,A              ;FFEH * Ib/7DH;(XH = (7FFH/50)
                                        *4 * Ib * (4/5))
        MOV    R2,#0FH
        MOV    R3,#FEH
        LCALL  MUL22             ;(R0R1 * R2R3 = R4R5R6R7)
        MOV    A,R4
        MOV    R2,A
        MOV    A,R5
        MOV    R3,A
        MOV    A,R6
        MOV    R4,A
        MOV    A,R7
        MOV    R5,A
        MOV    R6,#0
        MOV    R7,#7DH
        LCALL  DIV42             ;(R2R3R4R5/R6R7 = R4R5.....R2R3)
        MOV    A,R4
        MOV    IBH,A
        MOV    A,R5
        MOV    IBL,A
;
RUN:    MOV    DPTR,#B001H       ;初始化
        MOV    A,#FFH;
        MOVX   @DPTR,A
        MOV    DPTR,#B002H       ;C 口初始化
        MOV    A,#00H
```

```
            MOVX    @DPTR,A
            MOV     DPTR,#B000H
            MOVX    A,@DPTR
            JB      ACC.6,LPP1
            LJMP    LPP2
LPP1:       LJMP    LOP1
LPP2:       CLR     C
            MOV     A,ZJT
            SUBB    A,#60
            JZ      LPP3            ;60 s 自检一次
            ;LCALL  ZJZCX
            MOV     ZJT,#0
            ;JB     ZJBAD,RUN
LPP3:       LCALL   CPZCX
            CLR     C
            MOV     A,XS06
            SUBB    A,#5
            JNC     LOOP1           ;f>=50 Hz,重合闸处理
            LJMP    LOOP2           ;f<50 Hz,跳闸处理
LOOP1:      CLR     TSJT
            LCALL   CHZCL
            LJMP    RUN
LOOP2:      MOV     DPTR,#0006H
            MOVX    A,@DPTR
            MOV     B,#10
            DIV     AB
            MOV     FR1,A
```

```
           MOV      FR2,B
           CLR      C
           MOV      A,FR2
           SUBB     A,XS04
           MOV      A,FR1
           SUBB     A,XS05
           MOV      A,#4
           SUBB     A,XS06
           JC       LOOP3
           LJMP     LOOP4
LOOP3:     CLR      TSJT
           LJMP     RUN
LOOP4:     LCALL    BSZCX
           JB       BSBZ,RUN
           LCALL    TSJCL
           MOV      DPTR,#0001H     ;JBJ1
           MOVX     A,@DPTR
           MOV      B,#10
           DIV      AB
           MOV      FR1,A
           MOV      FR2,B
           CLR      C
           MOV      A,FR2
           SUBB     A,XS04
           MOV      A,FR1
           SUBB     A,XS05
           MOV      A,#4
```

```
          SUBB    A,XS06
          JC      LOOP5
          LJMP    LOOP6
LOOP5:    LJMP    RUN
LOOP6:    JB      JBJ1,LP1
          MOV     DPTR,#0009H
          MOVX    A,@DPTR
          MOV     JBJYS,A
          LCALL   JBJCL
          MOV     C,JBJ
          MOV     JBJ1,C
          JNB     JBJ1,LP1
          MOV     XS02,#1
          LCALL   XS0
          MOV     DPTR,#B001H
          MOV     A,#FEH
          MOVX    @DPTR,A
          MOV     DPTR,#B002H
          MOV     A,#08H
          MOVX    @DPTR,A
          CLR     P1.2
          LCALL   XS0
          CLR     S01BIT
          JNB     S01BIT,$
          MOV     DPTR,#B001H
          MOV     A,#FFH;
          MOVX    @DPTR,A
```

```
        MOV     DPTR,#B002H
        MOV     A,#00H
        MOVX    @DPTR,A
        SETB    P1.2
;
LP1：   MOV     DPTR,#0002H      ;JBJ2
        MOVX    A,@DPTR
        MOV     B,#10
        DIV     AB
        MOV     FR1,A
        MOV     FR2,B
        CLR     C
        MOV     A,FR2
        SUBB    A,XS04
        MOV     A,FR1
        SUBB    A,XS05
        MOV     A,#4
        SUBB    A,XS06
        JC      LOOP7
        LJMP    LOOP8
LOOP7： LJMP    RUN
LOOP8： JB      JBJ2,LP2
        MOV     DPTR,#000AH
        MOVX    A,@DPTR
        MOV     JBJYS,A
        LCALL   JBJCL
        MOV     C,JBJ
```

```
        MOV     JBJ2,C
        JNB     JBJ2,LP2
        MOV     XS02,#2
        LCALL   XS0
        MOV     DPTR,#B001H
        MOV     A,#0EH
        MOVX    @DPTR,A
        MOV     DPTR,#B002H
        MOV     A,#09H
        MOVX    @DPTR,A
        CLR     P1.2
        LCALL   XS0
        CLR     S01BIT
        JNB     S01BIT,$
        MOV     DPTR,#B001H
        MOV     A,#FFH;
        MOVX    @DPTR,A
        MOV     DPTR,#B002H
        MOV     A,#00H
        MOVX    @DPTR,A
        SETB    P1.2
;
LP2:    MOV     DPTR,#0003H     ;JBJ3
        MOVX    A,@DPTR
        MOV     B,#10
        DIV     AB
        MOV     FR1,A
```

```
           MOV     FR2,B
           CLR     C
           MOV     A,FR2
           SUBB    A,XS04
           MOV     A,FR1
           SUBB    A,XS05
           MOV     A,#4
           SUBB    A,XS06
           JC      LOOP9
           LJMP    LOOP10
LOOP9:     LJMP    RUN
LOOP10:    JB      JBJ3,LP3
           MOV     C,JBJ3
           MOV     JBJ,C
           MOV     DPTR,#000BH
           MOVX    A,@DPTR
           MOV     JBJYS,A
           LCALL   JBJCL
           MOV     C,JBJ
           MOV     JBJ3,C
           JNB     JBJ3,LP3
           MOV     XS02,#3
           LCALL   XS0
           MOV     DPTR,#B001H
           MOV     A,#0EH
           MOVX    @DPTR,A
           MOV     DPTR,#B002H
```

```
            MOV     A,#0AH
            MOVX    @DPTR,A
            CLR     P1.2
            LCALL   XS0
            CLR     S01BIT
            JNB     S01BIT,$
            MOV     DPTR,#B001H
            MOV     A,#FFH
            MOVX    @DPTR,A
            MOV     DPTR,#B002H
            MOV     A,#00H
            MOVX    @DPTR,A
            SETB    P1.2
    ;
    LP3:    MOV     DPTR,#0004H     ;JBJ4
            MOVX    A,@DPTR
            MOV     B,#10
            DIV     AB
            MOV     FR1,A
            MOV     FR2,B
            CLR     C
            MOV     A,FR2
            SUBB    A,XS04
            MOV     A,FR1
            SUBB    A,XS05
            MOV     A,#4
            SUBB    A,XS06
```

```
            JC      LOOP11
            LJMP    LOOP12
LOOP11：     LJMP    RUN
LOOP12：     JB      JBJ4，LP4
            MOV     DPTR，#000CH
            MOVX    A，@DPTR
            MOV     JBJYS，A
            LCALL   JBJCL
            MOV     C，JBJ
            MOV     JBJ4，C
            JNB     JBJ4，LP4
            MOV     XS02，#4
            LCALL   XS0
            MOV     DPTR，#B001H
            MOV     A，#0EH
            MOVX    @DPTR，A
            MOV     DPTR，#B002H
            MOV     A，#0BH
            MOVX    @DPTR，A
            CLR     P1.2
            LCALL   XS0
            CLR     S01BIT
            JNB     S01BIT，$
            MOV     DPTR，#B001H
            MOV     A，#FFH；
            MOVX    @DPTR，A
            MOV     DPTR，#B002H
```

```
          MOV      A,#00H
          MOVX     @DPTR,A
          SETB     P1.2
;
LP4:      MOV      DPTR,#0005H        ;JBJ5
          MOVX     A,@DPTR
          MOV      B,#10
          DIV      AB
          MOV      FR1,A
          MOV      FR2,B
          CLR      C
          MOV      A,FR2
          SUBB     A,XS04
          MOV      A,FR1
          SUBB     A,XS05
          MOV      A,#4
          SUBB     A,XS06
          JC       LOOP13
          LJMP     LOOP14
LOOP13:   LJMP     RUN
LOOP14:   JB       JBJ5,LP5
          MOV      DPTR,#000DH
          MOVX     A,@DPTR
          MOV      JBJYS,A
          LCALL    JBJCL
          MOV      C,JBJ
          MOV      JBJ5,C
```

```
          JNB      JBJ5,LP5
          MOV      XS02,#5
          LCALL    XS0
          LCALL    XS0
          MOV      DPTR,#B001H
          MOV      A,#0EH
          MOVX     @DPTR,A
          MOV      DPTR,#B002H
          MOV      A,#0CH
          MOVX     @DPTR,A
          CLR      P1.2
          LCALL    XS0
          CLR      S01BIT
          JNB      S01BIT,$
          MOV      DPTR,#B001H
          MOV      A,#FFH;
          MOVX     @DPTR,A
          MOV      DPTR,#B002H
          MOV      A,#00H
          MOVX     @DPTR,A
          SETB     P1.2
LP5:      LJMP     RUN
          END
```

; --

```
CSZD:     MOV      DPTR,#0001H      ;TO   F1 整定
          MOV      AH,DPH
          MOV      AL,DPL
```

```
            LCALL   ZDXS
            LCALL   XS0
AJ:         LCALL   AJSM
AJ0:        JNB     ACC.0,AJ1        ;按一次 AJ1 = 模式 + 1
            JNB     ACC.1,AJ2        ;按一次 AJ2 = 模式 - 1
            JNB     ACC.2,AJ3        ;按一次 AJ3 = 定值 + 1
            JNB     ACC.3,AJ4        ;按一次 AJ4 = 定值 - 1
            JB      ACC.4,AJ5        ;按一次 AJ5 = 确定,存检验和
            JB      ACC.5,AJ6        ;按一次 AJ6 = 写初值
            JB      ACC.7,RUN2
            LJMP    AJ
RUN2:       LJMP    RUN1             ;转运行状态
AJ1:        MOV     DPH,AH           ;ADDRESS + 1
            MOV     DPL,AL
            INC     DPTR
            MOV     AH,DPH
            MOV     AL,DPL
            MOV     A,DPL
            CJNE    A,#28,AJJ1
            LJMP    CSZD
AJJ1:       LCALL   ZDXS
            LCALL   XS0
            LJMP    AJ
AJ2:        MOV     DPH,AH
            MOV     DPL,AL
            DEC     AL
            MOV     A,AL
```

	CJNE	A, #00H, AJJ2	
	LJMP	CSZD	
AJJ2:	LCALL	ZDXS	
	LCALL	XS0	
	LJMP	AJ	
AJ5:	LCALL	QHS	
	LJMP	CSZD	
AJ6:	LCALL	FCZ	
	LJMP	CSZD	
AJ3:	MOV	DPH, AH	
	MOV	DPL, AL	
	MOV	A, #19	
	CLR	C	
	SUBB	A, AL	
	JC	CHZZD	
	MOVX	A, @DPTR	
	MOV	R0, A	
	CJNE	R0, #99, AJ31	
	LJMP	AJ	
AJ31:	INC	R0	; DATA + 1
	MOV	A, R0	
	MOVX	@DPTR, A	
	LCALL	ZDXS	
	LCALL	XS0	
	LJMP	AJ	
AJ4:	MOV	DPH, AH	
	MOV	DPL, AL	

```
            MOV     A,#19
            CLR     C
            SUBB    A,AL
            JC      CHZZD
            MOVX    A,@DPTR
            MOV     R0,A
            CJNE    R0,#0,AJ41
            LJMP    AJ
AJ41:       DEC     R0              ;DATA-1
            MOV     A,R0
            MOVX    @DPTR,A
            LCALL   ZDXS
            LCALL   XS0
            LJMP    AJ
            RET
```

;--
;按键扫描子程序

```
AJSM:       MOV     DPTR,#B003H     ;按键扫描
            MOV     A,#90H
            MOVX    @DPTR,A
            MOV     DPTR,#B001H
            MOV     A,#FFH
            MOVX    @DPTR,A         ;读 8255A 的 A 口
            MOV     DPTR,#B000H
            MOVX    A,@DPTR
            CJNE    A,#0FH,AJ00
            LCALL   T12MS           ;DELAY  12 ms
```

```
            LJMP    AJSM
AJ00：       LCALL   T12MS
            MOVX    A,@DPTR
            CJNE    A,#0FH,AJ01
            LCALL   T12MS                ;DELAY   12 ms
            LJMP    AJSM
AJ01：       MOV     R3,A
AJ02：       MOVX    A,@DPTR
            CJNE    A,#0FH,AJ02          ;键是否释放
            MOV     A,R3
            RET
```

; --

```
CHZZD：      CLR     A                    ;重合闸整定
            MOVX    A,@DPTR
            CPL     A
            MOVX    @DPTR,A
            LCALL   ZDXS
            LCALL   XS0
            LJMP    AJ
            RET
```

; --

```
FCZ：        MOV     R7,#8                ;写初值
            MOV     DPTR,#0000H          ;WRITE   TO   F1( =50 Hz)
LOPP1：      INC     DPTR
            MOV     A,#90
            MOVX    @DPTR,A
            DJNZ    R7,LOPP1
```

```
            MOV      R7,#19           ;WRITE  #0 TO  (T1-T8,UB,
                                       IB,DF,CHZ1-CHZ8,ALL=19 个)
LOPP2:      INC      DPTR
            MOV      A,#0
            MOVX     @DPTR,A
            DJNZ     R7,LOPP2
            LCALL    QHS
            RET
```

; --
;整定显示子程序

```
ZDXS:       MOV      DPH,AH
            MOV      DPL,AL
            MOV      A,AL
            CJNE     A,#01H,ZD2
            MOV      R0,#1
            LCALL    ZDXS01
            LJMP     ZD28
ZD2:        MOV      A,AL
            CJNE     A,#02H,ZD3
            MOV      R0,#2
            LCALL    ZDXS01
            LJMP     ZD28
ZD3:        MOV      A,AL
            CJNE     A,#03H,ZD4
            MOV      R0,#3
            LCALL    ZDXS01
            LJMP     ZD28
```

```
ZD4:    MOV     A, AL
        CJNE    A, #04H, ZD5
        MOV     R0, #4
        LCALL   ZDXS01
        LJMP    ZD28
ZD5:    MOV     A, AL
        CJNE    A, #05H, ZD6
        MOV     R0, #5
        LCALL   ZDXS01
        LJMP    ZD28
ZD6:    MOV     A, AL
        CJNE    A, #6, ZD7
        MOV     R0, #6
        LCALL   ZDXS01
        LJMP    ZD28
ZD7:    MOV     A, AL
        CJNE    A, #7, ZD8
        MOV     R0, #7
        LCALL   ZDXS01
        LJMP    ZD28
ZD8:    MOV     A, AL
        CJNE    A, #8, ZD9
        MOV     R0, #8
        LCALL   ZDXS01
        LJMP    ZD28
ZD9:    MOV     A, AL
        CJNE    A, #9, ZD10
```

	MOV	XS05,#1
	LCALL	ZDXS02
	CLR	DP2BIT
	LJMP	ZD28
ZD10:	MOV	A,AL
	CJNE	A,#10,ZD11
	MOV	XS05,#2
	LCALL	ZDXS02
	CLR	DP2BIT
	LJMP	ZD28
ZD11:	MOV	A,AL
	CJNE	A,#11,ZD12
	MOV	XS05,#3
	LCALL	ZDXS02
	CLR	DP2BIT
	LJMP	ZD28
ZD12:	MOV	A,AL
	CJNE	A,#12,ZD13
	MOV	XS05,#4
	LCALL	ZDXS02
	CLR	DP2BIT
	LJMP	ZD28
ZD13:	MOV	A,AL
	CJNE	A,#13,ZD14
	MOV	XS05,#5
	LCALL	ZDXS02
	CLR	DP2BIT

```
              LJMP    ZD28
ZD14:         MOV     A,AL
              CJNE    A,#14,ZD15
              MOV     XS05,#6
              LCALL   ZDXS02
              LJMP    ZD28
ZD15:         MOV     A,AL
              CJNE    A,#15,ZD16
              MOV     XS05,#7
              LCALL   ZDXS02
              LJMP    ZD28
ZD16:         MOV     A,AL
              CJNE    A,#16,ZD17
              MOV     XS05,#8
              LCALL   ZDXS02
              LJMP    ZD28
ZD17:         MOV     A,AL
              CJNE    A,#17,ZD18
              MOV     XS06,#19H
              MOV     XS05,#0BH
              LCALL   ZDXS03
              SETB    DP2BIT
              LJMP    ZD28
ZD18:         MOV     A,AL
              CJNE    A,#18,ZD19
              MOV     XS06,#01H
              MOV     XS05,#0BH
```

```
          LCALL   ZDXS03
          LJMP    ZD28
ZD19:     MOV     A, AL
          CJNE    A, #19, ZD20
          MOV     XS06, #0DH
          MOV     XS05, #0FH
          LCALL   ZDXS03
          LJMP    ZD28
ZD20:     MOV     A, AL
          CJNE    A, #20, ZD21
          MOV     XS04, #01H
          LCALL   ZDXS04
          LJMP    ZD28
ZD21:     MOV     A, AL
          CJNE    A, #21, ZD22
          MOV     XS04, #02H
          LCALL   ZDXS04
          LJMP    ZD28
ZD22:     MOV     A, AL
          CJNE    A, #22, ZD23
          MOV     XS04, #03H
          LCALL   ZDXS04
          LJMP    ZD28
ZD23:     MOV     A, AL
          CJNE    A, #23, ZD24
          MOV     XS04, #04H
          LCALL   ZDXS04
```

```
            LJMP    ZD28
ZD24：  MOV     A, AL
            CJNE    A, #24, ZD25
            MOV     XS04, #05H
            LCALL   ZDXS04
            LJMP    ZD28
ZD25：  MOV     A, AL
            CJNE    A, #25, ZD26
            MOV     XS04, #06H
            LCALL   ZDXS04
            LJMP    ZD28
ZD26：  MOV     A, AL
            CJNE    A, #26, ZD27
            MOV     XS04, #07H
            LCALL   ZDXS04
            LJMP    ZD28
ZD27：  MOV     A, AL
            CJNE    A, #27, ZD27
            MOV     XS04, #08H
            LCALL   ZDXS04
ZD28：  RET

;-----------------------------------------------------------------

ZDXS01： LCALL  XSZF1
            MOV     XS06, #04H
            MOV     XS05, XS02
            MOV     XS04, XS01
            MOV     XS03, #11H
```

```
          MOV     XS02,#0FH
          MOV     XS01,R0
          CLR     DP3BIT
          SETB    DP2BIT
          SETB    DP1BIT
          RET
;-------------------------------------------------------------------------------
ZDXS02:   MOV     XS06,#1DH
          MOV     XS04,#11H
          LCALL   XSZF1
          MOV     XS03,XS02
          MOV     XS02,XS01
          MOV     XS01,#10H
          SETB    DP3BIT
          SETB    DP2BIT
          SETB    DP1BIT
          RET
;-------------------------------------------------------------------------------
ZDXS03:   MOV     XS04,#11H
          LCALL   XSZF1
          MOV     XS03,XS02
          MOV     XS02,XS01
          MOV     XS01,#10H
          SETB    DP1BIT
          CLR     DP2BIT
          SETB    DP3BIT
          RET
```

```
;------------------------------------------------------------
ZDXS04: SETB    DP3BIT
        SETB    DP2BIT
        SETB    DP1BIT
        MOV     XS06,#0CH
        MOV     XS05,#18H
        MOV     XS03,#11H
        MOV     XS02,#11H
        MOVX    A,@DPTR
        CJNE    A,#0,LOPP3
        MOV     XS01,#0          ;显示 0 = 不重合
        LJMP    LOPP4
LOPP3:  MOV     XS01,#1          ;显示 1 = 重合
LOPP4:  RET

;------------------------------------------------------------
XSZF1:  MOVX    A,@DPTR          ;转换为十进制
        MOV     B,#10
        DIV     AB
        MOV     XS02,A
        MOV     XS01,B
        RET

;------------------------------------------------------------
QHS:    MOV     DPTR,#0000H      ;求检验和
        MOV     R0,#27
        MOV     R1,#0
QHS1:   INC     DPTR
        MOV     AL,DPL
```

```
        MOV     AH,DPH
        MOVX    A,@DPTR
        ADD     A,R1
        MOV     R1,A
        DJNZ    R0,QHS1
        MOV     DPTR,#00FFH     ;SAVE QHS TO 00FFH
        MOV     A,R1
        MOVX    @DPTR,A
        RET
```

;--

```
T12MS：  MOV     R7,#25H         ;延时 12 ms
TM：    MOV     R6,#0FFH
TM6：   DJNZ    R6,TM6
        DJNZ    R7,TM
        RET
```

;--

;频率测量子程序

```
CPZCX：  CLR     S13BIT
        JNB     S13BIT,$
        CLR     S13BIT
        JNB     P1.6,JHG1
JHG2：   JB      S13BIT,NOUIN
        JB      P1.6,JHG2
        LJMP    YESU
JHG1：   JB      S13BIT,NOUIN
        JNB     P1.6,JHG1
```

;

```
YESU:   CLR     TR1
        MOV     TH1 , #0
        MOV     TL1 , #0
        JNB     P1. 6 , $
        JB      P1. 6 , $
        JNB     P1. 6 , $
        SETB    TR1
        JB      P1. 6 , $
        CLR     TR1
        MOV     A , TL1
        MOV     R7 , A
        MOV     A , TH1
        MOV     R6 , A          ; 1/Tc = 18. 432/12
        MOV     R2 , #9         ; 1000000 * 18. 432/12 = 1536000
        MOV     R3 , #27H       ; 1536000 * 100 = 153600000 - >
        MOV     R4 , #0C0H      ; 927C000H - > R2R3R4R5
        MOV     R5 , #0         ; TH0TL0 - > R6R7
        CLR     DIVBIT          ; ( R2R3R4R5/R6R7 = R4R5. . . . . .
                                  R2R3 )
        LCALL   DIV42
        MOV     FL , R5
        MOV     FH , R4
        MOV     R2 , #0
        MOV     R3 , #0
        MOV     R6 , #3
        MOV     R7 , #0E8H
        LCALL   DIV42
```

```
        MOV     A, R5
        MOV     XS06, A          ;1000
        MOV     A, R2
        MOV     R4, A
        MOV     A, R3
        MOV     R5, A
        MOV     R2, #0
        MOV     R3, #0
        MOV     R6, #0
        MOV     R7, #100
        LCALL   DIV42
        MOV     A, R5
        MOV     XS05, A          ;100
        MOV     A, R3
        MOV     B, #10
        DIV     AB
        MOV     XS04, A          ;10
        MOV     XS03, B          ;1
        CLR     DP3BIT
        SETB    DP2BIT
        SETB    DP1BIT
        LCALL   XS0
        LJMP    CP2
;
NOUIN:  SETB    EA
        SETB    TR0
        MOV     XS06, #14H       ;no – Uin
```

```
          MOV     XS05,#17H
          MOV     XS04,#11H
          MOV     XS03,#19H
          SETB    DP1BIT
          SETB    DP2BIT
          SETB    DP3BIT
          LCALL   XS0
          LJMP    RUN
CP2:      RET
```

; --
;判断闭锁子程序

```
BSZCX:    MOV     FL1,FL
          MOV     FH1,FH
          CLR     S01BIT
          JNB     S01BIT,$
          LCALL   CPZCX
          MOV     FL2,FL
          MOV     FH2,FH
          CLR     C
          MOV     A,FL1
          SUBB    A,FL2
          MOV     FL1,A
          MOV     A,FH1
          SUBB    A,FH2
          MOV     FH1,A
          JC      BS1
          LJMP    BS2
```

```
BS1:   CLR    C
       MOV    A, FL2
       SUBB   A, FL1
       MOV    FL1, A
       MOV    A, FH2
       SUBB   A, FH1
       MOV    FH1, A
BS2:   MOV    DPTR, #0013H
       MOVX   A, @DPTR
       MOV    R4, A
       MOV    R3, #0
       MOV    R1, FL1
       MOV    R2, FH1
       CLR    C
       LCALL  SUBB22
       JNC    BS3            ;df/dt > 定值则闭锁
       LCALL  CYZCX          ;调用采样子程序
       CLR    C
       MOV    R1, AD1H
       MOV    R2, AD1L
       MOV    R3, #08H
       MOV    R4, #00H
       LCALL  SUBB22
       JC     BS3
       MOV    R3, UBH
       MOV    R4, UBL
       LCALL  SUBB22
```

```
            JC      BS3           ;Uin < Ub 定值则闭锁
            LCALL   CYZCX         ;调用采样子程序
            CLR     C
            MOV     R1,AD2H
            MOV     R2,AD2L
            MOV     R3,#08H
            MOV     R4,#00H
            LCALL   SUBB22
            JC      BS3
            MOV     R3,IBH
            MOV     R4,IBL
            LCALL   SUBB22
            JC      BS3           ;Iin < Ib 定值则闭锁
            CLR     BSBZ          ;闭锁标志置 0
            RET
BS3:        SETB    BSBZ          ;闭锁标志置 1
            RET

;------------------------------------------------------------------
;基本级处理子程序
JBJCL:      MOV     TM1,#0
JBJCL3:     MOV     A,TM1
            CLR     C
            SUBB    A,JBJYS       ;基本级延时到否?
            JC      JBJCL3
            LCALL   CPZCX         ;测频
            CLR     C
            MOV     A,FR2
```

```
              SUBB    A,XS04
              MOV     A,FR1
              SUBB    A,XS05
              MOV     A,#4
              SUBB    A,XS06
              JC      JBJCL1
JBJCL2:       SETB    JBJ                ;置基本级动作标志
              RET
JBJCL1:       CLR     JBJ
              RET

;------------------------------------------------
;特殊级处理子程序
TSJCL:        JB      TSJT,TSJCL1
              MOV     TM2,#0
              SETB    TSJT
TSJCL1:       JB      TSJ1,TSJCL3
              MOV     DPTR,#000EH
              MOVX    A,@DPTR
              MOV     R3,A
              MOV     A,TM2
              CLR     C
              SUBB    A,R3
              JNC     TSJCL11
              LJMP    TSJCL2
TSJCL11:      MOV     XS01,#1
              LCALL   XS0
              MOV     DPTR,#B001H
```

```
          MOV    A,#0EH
          MOVX   @DPTR,A
          MOV    DPTR,#B002H
          MOV    A,#0DH
          MOVX   @DPTR,A
          CLR    P1.2
          SETB   TSJ1            ;置标志位
          CLR    S01BIT          ;延时
          JNB    S01BIT,$
          MOV    DPTR,#B001H     ;复位
          MOV    A,#FFH;
          MOVX   @DPTR,A
          MOV    DPTR,#B002H
          MOV    A,#00H
          MOVX   @DPTR,A
          SETB   P1.2
TSJCL3:   JB     TSJ2,TSJCL4
          MOV    DPTR,#000FH
          MOVX   A,@DPTR
          MOV    R3,A
          MOV    A,TM2
          CLR    C
          SUBB   A,R3
          JNC    TSJCL31
          LJMP   TSJCL2
TSJCL31:  MOV    XS01,#2
          LCALL  XS0
```

```
          MOV    DPTR,#B001H
          MOV    A,#0EH
          MOVX   @DPTR,A
          MOV    DPTR,#B002H
          MOVX   @DPTR,#0EH
          CLR    P1.2
          SETB   TSJ2              ;置标志位
          CLR    S01BIT            ;延时
          JNB    S01BIT,$
          MOV    DPTR,#B001H       ;复位
          MOV    A,#FFH;
          MOVX   @DPTR,A
          MOV    DPTR,#B002H
          MOV    A,#00H
          MOVX   @DPTR,A
          SETB   P1.2
TSJCL4：  JB     TSJ3,TSJCL2
          MOV    DPTR,#0010H
          MOVX   A,@DPTR
          MOV    R3,A
          MOV    A,TM2
          CLR    C
          SUBB   A,R3
          JNC    TSJCL41
          LJMP   TSJCL2
TSJCL41： MOV    XS01,#3
          LCALL  XS0
```

```
        MOV     DPTR,#B001H
        MOV     A,#0EH
        MOVX    @DPTR,A
        MOV     DPTR,#B002H
        MOV     A,#0FH
        MOVX    @DPTR,A
        CLR     P1.2
        SETB    TSJ3              ;置标志位
        CLR     S01BIT            ;延时
        JNB     S01BIT,$
        MOV     DPTR,#B001H       ;复位
        MOV     A,#FFH;
        MOVX    @DPTR,A
        MOV     DPTR,#B002H
        MOV     A,#00H
        MOVX    @DPTR,A
        SETB    P1.2
TSJCL2: RET

;--------------------------------------------------------------------
;重合闸处理子程序
CHZCL:  JNB     TSJ3,CHZCL1
        MOV     DPTR,#001BH
        MOVX    A,@DPTR
        CJNE    A,#0H,CHZ1
        LJMP    CHZCL1
CHZ1:   MOV     DPTR,#B001H       ;重合特殊级3
        MOV     A,#0DH
```

```
MOVX    @DPTR,A
MOV     DPTR,#B002H
MOV     A,#F0H
MOVX    @DPTR,A
CLR     P1.3
MOV     XS01,#2
CLR     TSJ3
LCALL   XS0
CLR     S01BIT        ;延时0.1s
JNB     S01BIT,$
MOV     DPTR,#B001H   ;复位
MOV     A,#FFH;
MOVX    @DPTR,A
MOV     DPTR,#B002H
MOV     A,#00H
MOVX    @DPTR,A
SETB    P1.3
LCALL   CHZYS
LCALL   CPZCX
CLR     C
MOV     A,XS04
SUBB    A,#8
MOV     A,XS05
SUBB    A,#9
MOV     A,XS06
SUBB    A,#4
JNC     CHZCL1
```

```
CHZ11：   RET
CHZCL1：  JNB      TSJ2 , CHZCL2
          MOV      DPTR , #001AH
          MOVX     A , @DPTR
          CJNE     A , #0 , CHZ2
          LJMP     CHZCL2
CHZ2：    MOV      DPTR , #B001H      ;重合特殊级 2
          MOV      A , #0DH
          MOVX     @DPTR , A
          MOV      DPTR , #B002H
          MOV      A , #E0H
          MOVX     @DPTR , A
          CLR      P1. 3
          MOV      XS01 , #1
          CLR      TSJ2
          LCALL    XS0
          CLR      S01BIT             ;延时
          JNB      S01BIT , $
          MOV      DPTR , #B001H      ;复位
          MOV      A , #FFH ;
          MOVX     @DPTR , A
          MOV      DPTR , #B002H
          MOV      A , #00H
          MOVX     @DPTR , A
          SETB     P1. 3
          LCALL    CHZYS
          LCALL    CPZCX
```

	CLR	C
	MOV	A,XS04
	SUBB	A,#8
	MOV	A,XS05
	SUBB	A,#9
	MOV	A,XS06
	SUBB	A,#4
	JNC	CHZCL2
	RET	
CHZCL2:	JNB	TSJ1,CHZCL3
	MOV	DPTR,#0019H
	MOVX	A,@DPTR
	CJNE	A,#0,CHZ3
	LJMP	CHZCL3
CHZ3:	MOV	DPTR,#B001H　　　;重合特殊级 1
	MOV	A,#0DH
	MOVX	@DPTR,A
	MOV	DPTR,#B002H
	MOV	A,#D0H
	MOVX	@DPTR,A
	CLR	P1.3
	MOV	XS01,#10H
	CLR	TSJ1
	LCALL	XS0
	CLR	S01BIT　　　　　　;延时
	JNB	S01BIT,$
	MOV	DPTR,#B001H　　;复位

```
        MOV     A,#FFH;
        MOVX    @DPTR,A
        MOV     DPTR,#B002H
        MOV     A,#00H
        MOVX    @DPTR,A
        SETB    P1.3
        LCALL   CHZYS
        LCALL   CPZCX
        CLR     C
        MOV     A,XS04
        SUBB    A,#8
        MOV     A,XS05
        SUBB    A,#9
        MOV     A,XS06
        SUBB    A,#4
        JNC     CHZCL3
        RET
CHZCL3: JNB     JBJ5,CHZCL4
        MOV     DPTR,#0018H
        MOVX    A,@DPTR
        CJNE    A,#0,CHZ4
        LJMP    CHZCL4
CHZ4:   MOV     DPTR,#B001H    ;重合基本级5
        MOV     A,#0DH
        MOVX    @DPTR,A
        MOV     DPTR,#B002H
        MOV     A,#C0H
```

```
          MOVX    @DPTR,A
          CLR     P1.3
          MOV     XS02,#4
          CLR     JBJ5
          LCALL   XS0
          CLR     S01BIT          ;延时
          JNB     S01BIT,$
          MOV     DPTR,#B001H     ;复位
          MOV     A,#FFH;
          MOVX    @DPTR,A
          MOV     DPTR,#B002H
          MOV     A,#00H
          MOVX    @DPTR,A
          SETB    P1.3
          LCALL   CHZYS
          LCALL   CPZCX
          CLR     C
          MOV     A,XS04
          SUBB    A,#8
          MOV     A,XS05
          SUBB    A,#9
          MOV     A,XS06
          SUBB    A,#4
          JNC     CHZCL4
          RET
CHZCL4:   JNB     JBJ4,CHZCL5
          MOV     DPTR,#0017H
```

	MOVX	A,@DPTR	
	CJNE	A,#0,CHZ5	
	LJMP	CHZCL5	
CHZ5：	MOV	DPTR,#B001H	;重合基本级4
	MOV	A,#0DH	
	MOVX	@DPTR,A	
	MOV	DPTR,#B002H	
	MOV	A,#B0H	
	MOVX	@DPTR,A	
	CLR	P1.3	
	MOV	XS02,#3	
	CLR	JBJ4	
	LCALL	XS0	
	CLR	S01BIT	;延时
	JNB	S01BIT,$	
	MOV	DPTR,#B001H	;复位
	MOV	A,#FFH;	
	MOVX	@DPTR,A	
	MOV	DPTR,#B002H	
	MOV	A,#00H	
	MOVX	@DPTR,A	
	SETB	P1.3	
	LCALL	CHZYS	
	LCALL	CPZCX	
	CLR	C	
	MOV	A,XS04	
	SUBB	A,#8	

```
          MOV     A,XS05
          SUBB    A,#9
          MOV     A,XS06
          SUBB    A,#4
          JNC     CHZCL5
          RET
CHZCL5：  JNB     JBJ3,CHZCL6
          MOV     DPTR,#0016H
          MOVX    A,@DPTR
          CJNE    A,#0,CHZ6
          LJMP    CHZCL6
CHZ6：    MOV     DPTR,#B001H     ;重合基本级3
          MOV     A,#0DH
          MOVX    @DPTR,A
          MOV     DPTR,#B002H
          MOV     A,#A0H
          MOVX    @DPTR,A
          CLR     P1.3
          MOV     XS02,#2
          CLR     JBJ3
          LCALL   XS0
          CLR     S01BIT          ;延时
          JNB     S01BIT,$
          MOV     DPTR,#B001H     ;复位
          MOV     A,#FFH;
          MOVX    @DPTR,A
          MOV     DPTR,#B002H
```

```
          MOV      A,#00H
          MOVX     @DPTR,A
          SETB     P1.3
          LCALL    CHZYS
          LCALL    CPZCX
          CLR      C
          MOV      A,XS04
          SUBB     A,#8
          MOV      A,XS05
          SUBB     A,#9
          MOV      A,XS06
          SUBB     A,#4
          JNC      CHZCL6
          RET
CHZCL6:   JNB      JBJ2,CHZCL7
          MOV      DPTR,#0015H
          MOVX     A,@DPTR
          CJNE     A,#0,CHZ7
          LJMP     CHZCL7
CHZ7:     MOV      DPTR,#B001H      ;重合基本级2
          MOV      A,#0DH
          MOVX     @DPTR,A
          MOV      DPTR,#B002H
          MOV      A,#90H
          MOVX     @DPTR,A
          CLR      P1.3
          MOV      XS02,#1
```

```
        CLR     JBJ2
        LCALL   XS0
        CLR     S01BIT              ;延时
        JNB     S01BIT,$
        MOV     DPTR,#B001H         ;复位
        MOV     A,#FFH;
        MOVX    @DPTR,A
        MOV     DPTR,#B002H
        MOV     A,#00H
        MOVX    @DPTR,A
        SETB    P1.3
        LCALL   CHZYS
        LCALL   CPZCX
        CLR     C
        MOV     A,XS04
        SUBB    A,#8
        MOV     A,XS05
        SUBB    A,#9
        MOV     A,XS06
        SUBB    A,#4
        JNC     CHZCL7
        RET
CHZCL7: JNB     JBJ1,CHZCL8
        MOV     DPTR,#0014H
        MOVX    A,@DPTR
        CJNE    A,#0,CHZ8
        LJMP    CHZCL8
```

CHZ8：	MOV	DPTR,#B001H	;重合基本级 1
	MOV	A,#0DH	
	MOVX	@DPTR,A	
	MOV	DPTR,#B002H	
	MOV	A,#80H	
	MOVX	@DPTR,A	
	CLR	P1.3	
	MOV	XS02,#10H	
	CLR	JBJ1	
	LCALL	XS0	
	CLR	S01BIT	;延时
	JNB	S01BIT,$	
	MOV	DPTR,#B001H	;复位
	MOV	A,#FFH;	
	MOVX	@DPTR,A	
	MOV	DPTR,#B002H	
	MOV	A,#00H	
	MOVX	@DPTR,A	
	SETB	P1.3	
CHZCL8：	RET		

;--

CHZYS：	MOV	R1,#2H	;重合闸延时 2 s
CHZYS1：	CLR	SBIT	
	JNB	SBIT,$	
	DJNZ	R1,CHZYS1	
	RET		

;--

;自检子程序

ZJZCX:	LCALL	ZJRAM	;自检 RAM
	LCALL	ZJEPROM	;自检 EPROM
	LCALL	ZJEEPROM	;自检 EEPROM
	LCALL	ZJAD	;自检 A/D 通道
	LCALL	ZJSCTD	;自检开关量输出通道
	RET		

;---

ZJRAM:	MOV	R1,#08H	;FROM 08H 单元
WRIT55:	MOV	02H,@R1	;SAVE TO R2(02H)
	MOV	A,#55H	
	MOV	@R1,A	;WRITE 55H TO RAM
	MOV	R0,A	
READ55:	MOV	A,@R1	
	MOV	B,A	
	CJNE	A,#55H,EERR1	
WRITAA:	MOV	A,#AAH	
	MOV	@R1,A	;WRITE AAH TO RAM
	MOV	R0,A	
READAA:	MOV	A,@R1	
	MOV	B,A	
	CJNE	A,#AAH,EERR1	
	MOV	@R1,02H	
	INC	R1	
	MOV	A,R1	
	CJNE	A,#DFH,WRIT55	
	LJMP	RAM1	

EERR1：　　LCALL　　BAOJ1

RAM1：　　RET

; --

ZJEPROM：　MOV　　DPTR,#0000H　　;自检 EPROM

　　　　　　MOV　　R1,#0

EP1：　　　MOVX　　A,@DPTR

　　　　　　ADD　　A,R1　　　　　　;求累加和

　　　　　　MOV　　R1,A

　　　　　　MOV　　A,DPH

　　　　　　CJNE　　A,#7FH,EP2

　　　　　　MOV　　A,DPL

　　　　　　CJNE　　A,#FEH,EP2

　　　　　　MOV　　DPTR,#7FFFH

　　　　　　MOVX　　A,@DPTR

　　　　　　MOV　　DL,R1

　　　　　　CJNE　　A,DL,EERR2　　;比较累加和,不等则报警

　　　　　　LJMP　　EP3

EERR2：　　LCALL　　BAOJ2

　　　　　　LJMP　　EP3

EP2：　　　INC　　DPTR

　　　　　　LJMP　　EP1

EP3：　　　RET

; --

ZJEEPROM：MOV　　DPTR,#0001H　　;(以后改成 8000H) 自检
　　　　　　　　　　　　　　　　　EEPROM

　　　　　　MOV　　R1,#0　　　　　;8000H 至 87FFH

EEP1：　　MOVX　　A,@DPTR

```
            ADD     A,R1                    ;求累加和
            MOV     R1,A
            MOV     A,DPL
            CJNE    A,#1CH,EEP2             ;(FEH)
            MOV     DPTR,#00FFH            ;(87FFH)
            MOVX    A,@DPTR
            MOV     DL,R1
            CJNE    A,DL,EERR3            ;比较累加和,不等则报警
            LJMP    EEP3
EERR3:      LCALL   BAOJ3
            LJMP    EEP3
EEP2:       INC     DPTR
            LJMP    EEP1
EEP3:       RET

;------------------------------------------------------------
ZJAD:       LCALL   CYZCX                 ;调用采样子程序
            MOV     A,AD4L                ;第四通道为自检通道
            CJNE    A,#0FFH,EERR4         ;参考电压为+5 V(0FFFH)
            MOV     A,AD4H
            CJNE    A,#0FH,EERR4
            LJMP    ZJAD1
EERR4:      LCALL   BAOJ4                 ;A/D 故障则报警
ZJAD1:      RET

;------------------------------------------------------------
;开关量输出通道自检
;检查跳闸回路
ZJSCTD: MOV     DPTR,#B003H              ;P-8255  MODE  0
```

```
          MOV      A,#90H            ;PA IS IN,PB IS OUT,PC IS OUT
          MOV      R2,#8
          MOV      R1,#00H           ;C 口控制字,跳 N1
SCTD1:    MOV      DPTR,#B002H
          MOV      A,R1
          MOVX     @DPTR,A
          CLR      P1.2
          MOV      DPTR,#B000H
          MOVX     A,@DPTR
          JB       ACC.6,OK5         ;A 口输入,有无反馈信号
          SETB     P1.3
          LCALL    BAOJ5
          LJMP     SCTD7
OK5:      SETB     P1.2
          DJNZ     R2,SCTD2
          LJMP     SCTD3
SCTD2:    INC      R1
          LJMP     SCTD1
;检查重合闸回路
SCTD3:    MOV      DPTR,#B003H       ;P-8255   MODE   0
          MOV      A,#90H            ;PA IS IN,PB IS OUT,PC IS OUT
          MOV      R2,#8
          MOV      R1,#00H           ;C 口控制字,重合闸 N1
SCTD4:    MOV      DPTR,#B002H
          MOV      A,R1
          MOVX     @DPTR,A
          CLR      P1.3
```

```
           MOV      DPTR,#B000H
           MOVX     A,@DPTR
           JB       ACC.6,OK6        ;A 口输入,有无反馈信号
           SETB     P1.3
           LCALL    BAOJ5
           LJMP     SCTD7
OK6：      SETB     P1.3
           DJNZ     R2,SCTD5
           LJMP     SCTD6
SCTD5：    MOV      A,R1
           ADD      A,#10H
           MOV      R1,A
           LJMP     SCTD4
SCTD6：    SETB     P1.2             ;检查跳闸允许回路
           MOV      DPTR,#B002H
           MOV      A,#08H
           MOVX     @DPTR,A
           MOV      DPTR,#B000H
           MOVX     A,@DPTR
           JB       ACC.6,OK7        ;A 口输入,有无反馈信号
           LCALL    BAOJ5
           LJMP     SCTD7
OK7：      SETB     P1.3             ;检查重合闸允许回路
           MOV      DPTR,#B002H
           MOV      A,#80H
           MOVX     @DPTR,A
           MOV      DPTR,#B000H
```

```
        MOVX    A,@DPTR
        JB      ACC.6,SCTD7      ;A 口输入,有无反馈信号
        LCALL   BAOJ5
SCTD7:  RET
```

;--

```
BAOJ1:  MOV     A,R1             ;DISPLAY ADDRESS;报警
        ANL     A,#0FH
        MOV     XS01,A
        SWAP    A
        ANL     A,#0FH
        MOV     XS02,A
        MOV     XS03,#00H
        MOV     XS04,#00H
        MOV     XS05,#10H
        MOV     XS06,#0AH        ;A .00xx.
        CLR     DP1BIT
        SETB    DP2BIT
        CLR     DP3BIT
        LCALL   XS0
        JNB     SBIT,$
        CLR     SBIT
        MOV     A,R0
        ANL     A,#0FH
        MOV     XS05,A
        MOV     A,R0
        SWAP    A
        ANL     A,#0FH
```

```
        MOV     XS06,A
        MOV     XS04,#11H
        MOV     XS03,#11H
        MOV     A,B
        ANL     A,#0F0H
        SWAP    A
        MOV     XS02,A
        MOV     A,B
        ANL     A,#0FH
        MOV     XS01,A
        CLR     DP1BIT
        SETB    DP2BIT
        CLR     DP3BIT          ;WRITE   READ
        LCALL   XS0             ;x x. - - x x.
        LCALL   BAOJXH          ;发报警信号
        RET

;-------------------------------------------------------------------
BAOJ2:  MOV     XS06,#0EH       ;E 报警
        MOV     XS05,#13H       ;P
        MOV     XS04,#11H       ;-
        MOV     XS03,#0BH       ;B
        MOV     XS02,#0AH       ;A
        MOV     XS01,#0DH       ;D
        SETB    DP1BIT
        SETB    DP2BIT
        SETB    DP3BIT
        LCALL   XS0
```

```
         LCALL    BAOJXH              ;发报警信号
         RET
```

; --

```
BAOJ3：  MOV      XS06,#0EH           ;E 报警
         MOV      XS05,#0EH           ;E
         MOV      XS04,#13H           ;P
         MOV      XS03,#0BH           ;B
         MOV      XS02,#0AH           ;A
         MOV      XS01,#0DH           ;D
         SETB     DP1BIT
         SETB     DP2BIT
         SETB     DP3BIT
         LCALL    XS0
         LCALL    BAOJXH              ;发报警信号
         RET
```

; --

```
BAOJ4：  MOV      XS06,#0AH           ;A 报警
         MOV      XS05,#0DH           ;D
         MOV      XS04,#11H           ;-
         MOV      XS03,#0BH           ;B
         MOV      XS02,#0AH           ;A
         MOV      XS01,#0DH           ;D
         SETB     DP1BIT
         SETB     DP2BIT
         SETB     DP3BIT
         LCALL    XS0
         LCALL    BAOJXH              ;发报警信号
```

```
        JNB     SBIT,$
        CLR     SBIT
        RET
```

; --

```
BAOJ5:  MOV     XS06,#0CH        ;C 报警
        MOV     XS05,#18H        ;H
        MOV     XS04,#11H        ; −
        MOV     XS03,#0BH        ;B
        MOV     XS02,#0AH        ;A
        MOV     XS01,#0DH        ;D
        SETB    DP1BIT
        SETB    DP2BIT
        SETB    DP3BIT
        LCALL   XS0
        LCALL   BAOJXH           ;发报警信号
        RET
```

; --

```
BAOJXH: MOV     DPTR,#B001H      ;发报警信号(8255 − PB3 = 0)
        MOV     A,#0BH
        MOVX    @DPTR,A
        CLR     SBIT             ;延时
        JNB     SBIT,$
        MOV     DPTR,#B001H      ;复位
        MOV     A,#FFH;
        MOVX    @DPTR,A
        CLR     SBIT             ;延时
        JNB     SBIT,$
```

```
          SETB    ZJBAD
          RET

;-----------------------------------------------------------------

TIME0：   PUSH    ACC              ；C/T0
          PUSH    PSW              ；1/10 s,1/3 s,1/2 s,1 s
          MOV     TH0,#87H         ；65536－30722＝34814(87FEH)
          MOV     TL0,#FEH         ；50 * 30722 * 0.651 μs＝1 s
          INC     MS20
          MOV     A,MS20
          CJNE    A,#5,TTEN00
          SETB    S01BIT
          INC     TM1              ；0.1 s 次数
TTEN00：  CJNE    A,#17,TTEN01
          SETB    S13BIT
TTEN01：  CJNE    A,#25,TTEN02
          SETB    S12BIT
TTEN02：  CJNE    A,#50,TTEN03
          INC     TM2              ；1 s 次数
          INC     ZJT              ；自检定时单元
          MOV     MS20,#0
          SETB    SBIT
TTEN03：  POP     PSW
          POP     ACC
          RETI

;-----------------------------------------------------------------

DELAD：   MOV     ZC1,#30          ；延时 30 μs
DELAD1：  NOP
```

```
        NOP
        DJNZ      ZC1,DELAD1
        RET
```

; ---
;采样子程序

```
CYZCX:  MOV       DPTR,#0B001H    ;8255   S="1",H="0"
        MOV       A,#8FH
        MOVX      @DPTR,A
        LCALL     AD12            ;AD S1-S2
AD12:   NOP                       ;PB7 PB6 PB5 PB4 PB3 PB2
                                   PB1 PB0
;SELECT  ANALOG   ROAD1(INPUT)    ;S/H A2 A1 A0 X X X X
        MOV       DPTR,#0B001H    ;8255   S="1",H="0"
        MOV       A,#0FH
        MOVX      @DPTR,A         ;S1
        MOV       DPTR,#0D000H
        MOVX      @DPTR,A         ;START 1
        LCALL     DELAD           ;DELAY 25 μs
        MOV       DPTR,#0D002H
        MOVX      A,@DPTR
        MOV       AD1H,A
        MOV       DPTR,#0D003H
        MOVX      A,@DPTR
        ANL       A,#0F0H
        SWAP      A
        MOV       AD1L,A
        MOV       A,AD1H
```

```
ANL      A,#0FH
SWAP     A
ADD      A,AD1L
MOV      AD1L,A
MOV      A,AD1H
ANL      A,#F0H
SWAP     A
MOV      AD1H,A       ;SAVE AD1
MOV      DPTR,#0B001H
MOV      A,#1FH
MOVX     @DPTR,A      ;S2
MOV      DPTR,#0D000H
MOVX     @DPTR,A      ;START 2
LCALL    DELAD
MOV      DPTR,#0D002H
MOVX     A,@DPTR
MOV      AD2H,A
MOV      DPTR,#0D003H
MOVX     A,@DPTR
ANL      A,#0F0H
SWAP     A
MOV      AD2L,A
MOV      A,AD2H
ANL      A,#0FH
SWAP     A
ADD      A,AD2L
MOV      AD2L,A
```

```
MOV     A,AD2H
ANL     A,#F0H
SWAP    A
MOV     AD2H,A          ;SAVE AD2
MOV     DPTR,#0B001H
MOV     A,#3FH
MOVX    @DPTR,A         ;S4
MOV     DPTR,#0D000H
MOVX    @DPTR,A         ;START 4
LCALL   DELAD
MOV     DPTR,#0D002H
MOVX    A,@DPTR
MOV     AD4H,A
MOV     DPTR,#0D003H
MOVX    A,@DPTR
ANL     A,#0F0H
SWAP    A
MOV     AD4L,A
MOV     A,AD4H
ANL     A,#0FH
SWAP    A
ADD     A,AD4L
MOV     AD4L,A
MOV     A,AD4H
ANL     A,#F0H
SWAP    A
MOV     AD4H,A          ;SAVE AD4
```

```
            RET
```

; ---

;减法子程序

```
SUBB22： MOV      A,R2            ;R1R2 - R3R4 SAVE TO R1R2
         SUBB     A,R4
         MOV      R2,A
         MOV      A,R1
         SUBB     A,R3
         MOV      R1,A
         RET
```

; ---

;乘法子程序(R0R1 * R2R3 = R4R5R6R7)

```
MUL22： MOV      A,R1
        MOV      B,R3
        MUL      AB
        MOV      R7,A
        MOV      R6,B
;
        MOV      A,R0
        MOV      B,R3
        MUL      AB
        ADD      A,R6
        MOV      R6,A
        MOV      A,#0
        ADDC     A,#0
        MOV      R5,A
        MOV      A,B
```

```
        ADD     A, R5
        MOV     R5, A
        MOV     A, #0
        ADDC    A, #0
        MOV     R4, A
;

        MOV     A, R2
        MOV     B, R1
        MUL     AB
        ADD     A, R6
        MOV     R6, A
        MOV     A, R5
        ADDC    A, B
        MOV     R5, A
        MOV     A, R4
        ADDC    A, #0
        MOV     R4, A
;

        MOV     A, R0
        MOV     B, R2
        MUL     AB
        ADD     A, R5
        MOV     R5, A
        MOV     A, R4
        ADDC    A, B
        MOV     R4, A
        RET
```

```
;-----------------------------------------------------------------
;除法子程序
; THIS IS A 4 – BYTE ／ 2 – BYTE DIV SUBPROGRAM
;   (R2R3R4R5／R6R7 = R4R5......R2R3). After DDV3,
;   program makes 5 clear and 5 enter counter
DIV42:   MOV      B,#16
         CJNE     R5,#0,DDV1
         CJNE     R4,#0,DDV1
         CJNE     R3,#0,DDV1
         CJNE     R2,#0,DDV1
         LJMP     DDV4
DDV1:    CLR      C
         MOV      A,R5
         RLC      A
         MOV      R5,A
         MOV      A,R4
         RLC      A
         MOV      R4,A
         MOV      A,R3
         RLC      A
         MOV      R3,A
         XCH      A,R2
         RLC      A
         XCH      A,R2
         MOV      F0,C
         CLR      C
         SUBB     A,R7
```

```
          MOV      R1,A
          MOV      A,R2
          SUBB     A,R6
          JB       F0,DDV2
          JC       DDV3
DDV2:     MOV      R2,A
          MOV      A,R1
          MOV      R3,A
          INC      R5
DDV3:     DJNZ     B,DDV1
          JNB      DIVBIT,DDV4
          CLR      C
          MOV      A,R3
          RLC      A
          MOV      R3,A
          MOV      A,R2
          RLC      A
          MOV      R2,A
          CLR      C
          MOV      A,R3
          SUBB     A,R7
          MOV      A,R2
          SUBB     A,R6
          JC       DDV4          ;IF C=1,THEN JUMP TO DDV4
          CLR      C
          MOV      A,R5
          ADD      A,#1
```

```
            MOV        R5 , A
            MOV        A , R4
            ADDC       A , #0
            MOV        R4 , A
DDV4:       RET

; ------------------------------------------------------------
;显示子程序
XS0:        MOV        DPTR , #MK
            SETB       P1. 1
            MOV        A , XS01
            MOVC       A , @A + DPTR
            MOV        XSZC , #8
            JB         DP1 BIT , L1
            CLR        C
            SUBB       A , #8
L1:         RRC        A
            MOV        P1. 0 , C
            CLR        P1. 1
            SETB       P1. 1
            DJNZ       XSZC , L1
;
            MOV        A , XS02
            MOVC       A , @A + DPTR
            MOV        XSZC , #8
L2:         RRC        A
            MOV        P1. 0 , C
            CLR        P1. 1
            SETB       P1. 1
```

	DJNZ	XSZC, L2

;

	MOV	A, XS03
	MOVC	A, @A + DPTR
	MOV	XSZC, #8
	JB	DP2BIT, L3
	CLR	C
	SUBB	A, #8
L3:	RRC	A
	MOV	P1.0, C
	CLR	P1.1
	SETB	P1.1
	DJNZ	XSZC, L3

;

	MOV	A, XS04
	MOVC	A, @A + DPTR
	MOV	XSZC, #8
L4:	RRC	A
	MOV	P1.0, C
	CLR	P1.1
	SETB	P1.1
	DJNZ	XSZC, L4

;

	MOV	A, XS05
	MOVC	A, @A + DPTR
	MOV	XSZC, #8
	JB	DP3BIT, L5
	CLR	C

```
            SUBB      A,#8
L5:         RRC       A
            MOV       P1.0,C
            CLR       P1.1
            SETB      P1.1
            DJNZ      XSZC,L5
;

            MOV       A,XS06
            MOVC      A,@A+DPTR
            MOV       XSZC,#8
L6:         RRC       A
            MOV       P1.0,C
            CLR       P1.1
            SETB      P1.1
            DJNZ      XSZC,L6
            SETB      P1.0
            RET
;
MK:         DB    9H,0DBH,4CH,0C8H,9AH,0A8H,28H,
                  0CBH            ;0-7
            DB    8,88H,0AH,38H,2DH,58H,2CH,2EH        ;8-F
            DB    0FFH,0FEH,29H,0EH,7AH,98H,0D9H
            DB    78H,1AH,19H,3DH,7EH,0FBH,3CH,
                  0FDH
;                 10H( ) 11H(-) 12H(g) 13H(P) 14H(n)
                  15H(Y) 16H(J) 17H(o)
;                 18H(H) 19H(U) 1AH(L) 1BH(r) 1CH(i)
                  1DH(t) 1EH(_)
            END
```

参 考 文 献

[1] 杨冠城. 电力系统自动装置原理[M]. 北京:中国电力出版社,1985.

[2] 张毅刚. MCS-51 单片机应用设计[M]. 哈尔滨:哈尔滨工业大学出版社, 1997.

[3] 李广弟. 单片机基础[M]. 北京:北京航空航天大学出版社,2001.

[4] 张承学,李国强. MCS-51/52 单片机原理与应用实验指导书. 武汉大学电力 工程系,2002.

[5] 李清平,张承学,胡志坚. 嵌入式微处理器实践应用开发平台研制∥电力系 统自动化年会论文集. 2001.

[6] 陈光庆,赵性初. 单片微型计算机原理与接口技术[M]. 武汉:华中理工大学 出版社,1993.

[6] 邹晴,林湘宁,翁汉琍. 基于闭环控制的独立电力系统低频减载策略[J]. 电 力系统自动化,2006(22).

[7] 王达,薛禹胜,徐泰山. 故障驱动切负荷和轨迹驱动切负荷的协调优化[J]. 电力系统自动化,2009(13).

[8] 刘洪波,穆钢,徐兴伟,等. 使功-频过程仿真轨迹逼近实测轨迹的模型参数 调整[J]. 电网技术,2006(18).

[9] 张薇,王晓茹,廖国栋. 基于广域量测数据的电力系统自动切负荷紧急控制 算法[J]. 电网技术,2009(3).

[10] 赵强,王丽敏,刘肇旭,等. 全国电网互联系统频率特性及低频减载方案 [J]. 电网技术,2009(8).

[11] 李爱民,蔡泽祥. 基于轨迹分析的互联电网频率动态特性及低频减载的优 化[J]. 电工技术学报,2009(9).

[12] 闫常友,周孝信. 电力系统三相短路故障临界切除时间求解方法的在线应 用[J]. 电网技术,2009(17).

[13] 孙艳,李如琦,孙志媛. 快速评估电力系统频率稳定性的方法[J]. 电网技 术,2009(18).

[14] 潘凯岩,刘仲尧,宋学清,等. 自动负荷控制系统在佛山电网中的应用[J].

电力系统自动化,2009(22).

[15] 侯玉强,方勇杰,杨卫东,等. 综合电压频率动态交互影响的自动减负荷控制新方法[J]. 电力系统自动化,2010(5).

[16] 王葵,潘贞荐. 一种新型低频减载方案的研究[J]. 电网技术,2001,2(12).

[17] 田位平,毕建权. 电力系统新型低频减载装置的协调控制策略[J]. 电力科学与工程,2005(2).

[18] 陈俊山,洪兰秀,郑志远. 电力系统低频减载研究与应用发展[J]. 继电器,2007(14).

[19] 王丽君. 考虑负荷频率调节系数的低频减载方案研究[J]. 沈阳工程学院学报:自然科学版,2007(3).

[19] 国家经贸委电力司. 继电保护与自动装置电力技术标准汇编电气部分(第12分册)[M]. 北京:中国电力出版社,2002.

[20] 陶晓农. 分散式变电站监控系统中的通道技术方案[J]. 电力系统自动化,1998,22(4):51-54.

[21] 谭文恕. 变电站自动化系统的结构和传输规约[J]. 电网技术,1998,22(8):1-4.

[22] 王积荣. 浅谈城网建设和改造中的配电自动化[J]. 电力系统自动化,1999,22(1):1-3.

[23] 韩桢祥. 电力系统自动监视与控制[M]. 北京:中国水利电力出版社,1998.

[24] 胡艳婷,等. 一种供安全自动装置用的新的频率测量方法[J]. 电力系统自动化,1987(6).

[25] 提兆旭,陈赤培. 电力系统计算机调度自动化[M]. 上海:上海交通出版社,1995.

[26] 何立民. MCS-51 单片机应用系统设计[M]. 北京:北京航空航天大学出版社,2001.

[27] 李华. MCS-51 系列单片机实用接口技术[M]. 北京:北京航空航天大学出版社,1993.

[28] 何立民. 单片机应用接口技术选编[M]. 北京:北京航空航天大学出版社,1996.

[29] 胡汉才. 单片机原理及其接口技术[M]. 北京:清华大学出版社,1996.

[30] 先锋工作室. 单机片程序设计实例[M]. 北京:清华大学出版社,2003.

[31] 白焰. 计算机控制技术[M]. 北京:中国电力出版社,1993.

[32] 王萍,詹彤,徐晓辉. 单片机与 PC 机远程通信的设计与实现[J]. 电气自动

化,2002,24(2):42-44.

[33] 赵希正. 强化电网安全,保障可靠供电[J]. 电网技术,2003,27(10):17.

[34] 印永华,等. 美加"8·14"大停电事故初步分析以及应吸取的教训[J]. 电网技术,2003,27(10):8-11.

[35] 何仰赞,温增银,汪馥瑛,等. 电力系统分析[M]. 2版. 武汉:华中理工大学出版社,1996.

[36] 强金龙,于尔铿. 电力系统经济调度[M]. 哈尔滨:哈尔滨工业大学出版社,1993.

[37] 扬旭雷,张浩. 基于RS485总线的测控串行通信协议及其软件硬件实现[J]. 电气自动化,2002,24(2):28-31.

[38] 程明. 无人值班变电站监控技术[M]. 北京:中国电力出版社,1999.

[39] 王幸之. 单片机应用系统抗干扰技术[M]. 北京:北京航空航天大学出版社,2000.

[40] 阮家栋,刘启中. 无人值守计算机远程数据采集和数据通信[J]. 电气自动化,2002,24(2):40-41.

[41] 王明俊,刘广一,于尔铿. 配电系统自动化及其发展[J]. 电网技术,1996(12):62-65.

[42] 张文勤. 电力系统基础[M]. 北京:中国电力出版社,1998.

[43] 蔡彬. 电力系统频率[M]. 北京:中国电力出版社,1998.

[44] 徐泰山,李碧君,鲍颜红,等. 考虑暂态安全性的低频低压减载量的全局优化[J]. 电力系统自动化,2003(22).

[45] 王丽君. 考虑负荷频率调节系数的低频减载装置研究[J]. 科技信息(学术研究),2007(19).

[46] 秦明亮,杨秀朝. 减少低频减载方案过切措施的研究[J]. 电力网技术,2002,26(3).

[47] 能源部电力公司. 电力系统自动低频减负荷暂行技术规定. 1990.

[48] 朱大新. 变电站综合自动化与无人值班[J]. 电力系统自动化,1994,18(11):5-9.

[49] 黄益庄. 变电站新型综合自动化系统设计[J]. 中国电机工程学报,1996,16(6):406-408.

[50] 唐涛. 国内外变电站无人值班与综合自动化技术发展综述//变电站综合自动化技术研讨会论文集. 1995.

[51] 罗毅,涂光瑜,张锦辉,等. 变电站自动化中多媒体技术应用和通信模式[J].

电力系统自动化,2001,25(9):48.

[52] 辛耀中. 新世纪电网调度自动化技术发展趋势[J]. 电网技术,2001,25 (12):1.

[53] 潘勇伟,等. 新型变电站主控装置及其在变电站自动化中的应用[J]. 电网 技术,2001,25(5):74.

[54] 国家电力公司西南电力设计院. 220~500 kV 变电所计算机监控系统设计 规程[S]. 北京:中国电力出版社,2002.

[55] 国家电力公司东北电力设计院. 电力系统安全自动装置设计技术规定[S]. 北京:中国电力出版社,2002.

[56] 刘惠民. 电力工业标准汇编·电气卷(第五分册)[M]. 北京:中国电力出 版社,1996.

[57] S. J. Huang, C. C. Huang. Adaptive Approach to Load Shedding Including Pumped-Storage Units Considerations During Underfrequency Conditions[J]. IEE Proceedings-Generation, Transmission and Distribution, Vol. 148, No. 2, March 2001, pp. 165-171.

[58] Lachs W R. Dynamic study of an extrame system reactive power deflcit. IEEE Trans PAS, PAS-104, (9):2420-2426.

[59] Rao. guth, Konda V. Microprocessors and Micro Computer system. Van Nostrand Reihhold Company, 1992.

[60] S. J. Huang, C. C. Huang. An Automatic Load Shedding Scheme Including Pumped-Storage Units[J]. IEEE Transactions on Energy Conversion, Vol. 15, No. 4, December 2000, pp. 427-432.